中国城市饮用水水源地保护管理研究系列丛书

南方发达城市饮用水水源地规范化建设实践

——以深圳市为例

尹 雪 吴宪宗 尹东高 / 著

中国环境出版集团·北京

图书在版编目（CIP）数据

南方发达城市饮用水水源地规范化建设实践 ：以深圳市为例 / 尹雪，吴宪宗，尹东高著. -- 北京 ：中国环境出版集团，2024. 10. -- (中国城市饮用水水源地保护管理研究系列丛书). -- ISBN 978-7-5111-6035-5

Ⅰ. X52

中国国家版本馆CIP数据核字第2024CU5537号

责任编辑 孙 莉
封面设计 彭 杉

出版发行 中国环境出版集团
（100062 北京市东城区广渠门内大街 16 号）
网 址：http://www.cesp.com.cn
电子邮箱：bjgl@cesp.com.cn
联系电话：010-67112765（编辑管理部）
发行热线：010-67125803，010-67113405（传真）

印 刷 北京中科印刷有限公司
经 销 各地新华书店
版 次 2024 年 10 月第 1 版
印 次 2024 年 10 月第 1 次印刷
开 本 787×1092 1/16
印 张 10
字 数 174 千字
定 价 50.00 元

《南方发达城市饮用水水源地规范化建设实践
——以深圳市为例》

编　委　会

主　编：尹　雪　尹东高　吴宪宗

副主编：黄　毅　谢林伸　朱婷婷　李　玮

编　委：王　磊　莫凤鸾　何晓露　韦必颖　袁文俊　陈纯兴
冯　杰　吴福贤　曾嘉佳　罗　培　刘　伟　孙滔滔
刘怡虹　刘　婷　申芝芝　邓　臣　欧　蕾　胡　蓉
陈建义　罗怡雯　黄伊嘉　简秋华　周雯菁

前言

深圳市地处我国经济较为发达的珠三角地区，是我国经济发展较活跃、改革开放程度较高、创新驱动能力较强的区域之一，在社会主义现代化建设进程和粤港澳大湾区建设大局中具有举足轻重的战略地位。改革开放以来，随着经济的快速发展、城市开发建设以及人口的高度集聚，深圳市饮用水水源地流域污染负荷不断增加，各种传统和新型、原生和次生的污染物相继出现，由此导致了饮用水水源地流域水环境的恶化和湖库水生态系统的失稳，复合污染、突发污染、跨界污染等问题突出，饮用水水源地的水环境安全面临着前所未有的挑战。

近年来，党中央和国务院在水污染防治和饮用水安全保障方面提出了一系列重大举措。自 2015 年以来，国家先后出台了《关于加快推进生态文明建设的意见》《生态文明体制改革总体方案》《水污染防治行动计划》（以下简称“水十条”）等一系列重大决策，为生态文明建设和水环境保护明确了顶层设计。2017 年，第十二届全国人大常委会通过了《中华人民共和国水污染防治法》的第二次修正，将“水十条”确立的各项制度措施规范化并法治化，同时为保障我国城市水环境安全提供了强有力的法律保障。2019 年，中共中央、国务院印发《粤港澳大湾区发展规划纲要》，提出加快推进珠三角水资源配置工程建设，加强饮用水水源地和备用水源安全保障达标建设及环境风险防控工程建设，保障珠三角以及香港、澳门地区供水的安全，为从区域层面协同保障饮用水安全奠定了政策基础。

近年来，国家水体污染控制与治理科技重大专项（以下简称“水专项”）

所研发的技术与成果对我国饮用水水质改善与安全保障发挥了重要的支撑作用，并建立了“从源头到龙头”全流程的饮用水安全保障技术体系，推动了我国饮用水领域科技水平的大幅提升。深圳市是我国改革开放的前沿阵地，更是我国践行绿色发展所依托的重要“试验田”，该区域的水源水质特征和饮用水安全保障工作极具代表性。由此，本书根据《集中式饮用水水源地规范化建设环境保护技术要求》（HJ 773—2015）和《集中式饮用水水源地环境保护状况评估技术规范》（HJ 774—2015），以深圳市饮用水水源地规范化建设经验为切入点，分析并总结深圳市城市饮用水水源地的管理保护和饮用水安全保障工作实施成效与问题难点，以期为粤港澳大湾区乃至全国其他重点区域的湖库型饮用水安全保障和区域可持续发展提供参考和经验示范。

目 录

第1章 概述

饮用水水源保护是关乎全球水安全的战略议题。作为全国七大严重缺水城市之一，深圳市面临着严峻的水资源挑战：人均淡水资源量仅 240 m^3，不足全国及广东省平均水平的 1/10 和 1/6，且 85%的原水依赖东江调入，外源供水特征显著。在水环境方面，尽管当前东江水质总体稳定，但氨氮、总磷等污染物浓度呈逐年上升趋势，加之水源保护区多位于城市建成区，周边污染源密集，污水处理设施建设滞后于治污需求，导致水源水质尚未全面达标。此外，深圳独特的亚热带季风气候带来高氮磷输入风险，城市调蓄水库因水流减缓存在富营养化隐患。各饮用水水源地通过互联互通的调蓄体系形成风险传导链，一旦发生大规模水华事件，将直接影响全市供水安全。

目前，实施高标准饮用水水源地管理既是保障饮水安全的关键举措，也是遏制水环境质量下滑的根本路径。在国内外饮用水水源地管理领域，虽缺乏统一定义，但各国已形成各具特色的保护模式。这些实践经验为深圳在“双区建设”背景下推进饮用水水源地规范化建设，保障饮用水安全提供了重要参考。

1.1 国外先进经验

1.1.1 德国

德国饮用水水源地的法律法规和政策体系相对较为完善，主要有《水法》《地下水水源保护区条例》等。其中，《水法》规定所有的饮用水取水口必须在建立水源保护区的基础上进行保护，要求尽可能地保护取水口及其上游地区等水源保护区，要求当地居民和社会团体等积极参与，根据经济社会活动划定水源保护区的内部分区，共同完善水源地保护制度。德国饮用水水源保护区管理特色在于将饮用水水源保护区建立程序法制化，即提交建立水源保护区申请报告—划定水源保护区和制定保护措施—公布水源保护区初步方案—调解矛盾—国家专业机构负责监督执行。

德国出台的《饮用水条例》对饮用水的标准做了明确而严格的规定，并且在不断地加强与完善。德国所有自来水管中流出的水都必须符合饮用水标准，并且饮用水标准中的规定比矿泉水标准还要全面。除了水质标准，《饮用水条例》还对水质检测作出严格的规定，其中，地表水、地下水、水厂水质处理环节、自来水管网以及用户的水龙头都要纳入水质监测网络体系。水质检测由自来水公司负责执行，地区的健康部门负责监督。柏林自来水公司的实验室每周会做超过 1.5 万次实验，确保饮用水水质符合相关规定的要求。

德国对水业整治投入了巨额资金，至今已超过 1 100 亿欧元。德国 70%的饮用水来自地下，为保障饮用水水源安全，各地建立了水源保护区。德国还在含水层周围按不同的距离划分了三个等级的水源保护地带，其中，采水点周围 10 m 范围内为一级保护带，要求最为严格，禁止一切有污染的物质渗入地下，违反规定者将被处以巨额罚款。

1.1.2 美国

美国有关饮用水水源管理的主要法律包括《清洁水法》《安全饮用水法》，美国饮用水水源地环境管理的特点是以各机构间协调协作为主，充分发挥公众参与的重要作用。在水源地环境管理过程中利益方应为主导，由非营利性组织、政府有关部门和社会公众监督管理。

美国对自来水厂的要求有相应的标准，从水龙头流出的自来水必须能够直接饮用。早在 1974 年，美国国会就通过了《安全饮用水法》，明确规定保护国家公共饮用水的源头及供应，由美国国家环境保护局及各州环保局一起执行。《安全饮用水法》先后于 1986 年和 1996 年进行修正，要求采取诸多行动来保护饮用水及其水源—河流、湖泊、水库、泉水和地下水水源。

根据《安全饮用水法》及其修正案的规定，凡是向公众提供自来水的公司，必须接受美国国家环境保护局的监管，并向美国国家环境保护局报告有关水质的情况，特别是在水质下降或遭到破坏的情况下；同时必须在每年 7 月 1 日之前向用户发布年度水质报告，详细说明本公司提供的水质、水源的安全饮用情况，让用户了解自己使用的自来水的质量。

1.1.3 法国

“2/3 以上的法国人每天都喝自来水，80%的法国人对自来水水质表示满意。”特恩斯市场研究公司能得到这样的调查结果，与法国对水资源管理的高度重视密切相关。为保证 6 600 万人口的日常用水安全，法国政府根据水文分布将全国划分为 12 个流域，每个流域设有专门的委员会进行相对独立的管理。其中，设立采水点保护区是最重要的措施之一。1992 年 1 月 3 日，法国政府颁布实施的《水法》明确规定，自来水采水点附近必须设立保护区。在距采水点较近的区域内，一切可能直接或间接地影响水质的设施、工程、活动或项目等都被管制或禁止。

20 世纪 50 年代以来，法国农业发展迅速，由于农业生产中大量施用农药、化肥，各大河流和地下水也受到了严重污染。法国政府陆续颁布实施了多项法令和决议，制订了多个行动计划，旨在减少农药和化肥施用，改善自来水水源地的水质。法国在水资源保护以及污染防治等方面之所以取得较高成就，除依靠成熟的法律法规外，完善的人工水循环系统也促进了水资源的合理利用。法国的供水系统在设计之初便分为两套系统，以巴黎市为例，一套是流入居民家中的饮用水系统，另一套是主要供城市清洁与绿化用的非饮用水系统。凭借全市长达 2 200 km 的地下污水管线，巴黎得以“奢侈”地合理利用水资源进行城市清洁。

1.1.4 日本

日本饮用水水源保护立法起步较早，立法体系也比较完善，主要包括《河川法》《公害对策基本法》《水质污染防治法》等。此外，日本还建立了应急管理制度、饮用水水源水质标准制度、饮用水水源水质监测制度、水源地经济补偿制度等。国家环境部门下设水质保护局，专门就饮用水水源地进行统一的保护与管理。日本有关法律的最大意义，就是将水资源的安全和地方行政长官的责任联系到一起。根据相关法律和法规的规定，各地行政长官是当地水资源安全的责任人，应依法对居民用水和水资源的安全进行管理和监察。因此，一旦出现水质问题，当地主要行政官员将被议会问责，还会面临舆论的强大压力，问题严重的还会被追究法律责任。在法律和舆论的双重约束下，日本任何一级行政官员对水资源和居民用水的安全达标都不敢掉以轻心，尽职尽责地管理并监察水质的安全。同时，污染饮用水行为已经纳入了《刑法》规定的犯罪类型。污染自来水和水源的行为，属于“污染水道罪”，可判处 6 个月以上 7 年以下有期徒刑。向自来水混入毒物和其他有害健康的物质，则判处 2 年以上有期徒刑；导致人死亡的，判处死刑、无期或 5 年以上有期徒刑。

日本为确保水资源安全，防止水污染，还建立了信息公开和居民查询制度。在许多城市，主管部门都在供水系统的各个环节设立了监控系统。如东京都，从上游的水源到最终段的居民家庭管道，一共安装了 10 多个检测点，共有 60 多项检测项目，而且随时公布这些项目的检测结果。居民每天可以从东京都水道局的网站上看到有关信息。如果居民感觉自己家中的水质有问题，可以拨打电话询问水道局，或要求登门查询，水道局必须给予说明，或上门检查。

1.1.5 新加坡

为了保护饮用水水源地的水质，新加坡污染源控制与治理主要依据其环境部颁布的《水源污染管制与排水法令》等。环境部与公用事业局联合运用网络系统来监测地面径流及水源地的水质，进行监测站点（断面）的优化及增设，并对水质、水量进行双重监控，有效地控制和减少了水源地污染。

新加坡是全球主要炼油中心之一，西部的裕廊岛工业区聚集着一些世界级的大型炼化企业。如此大规模的炼化工业园区，不可避免地会排放大量工业废水。然而，新加坡通过市场化运作的方式，严格立法、严格执法，保证了排入公共污水管网的工业污水符合相应标准。依照《污水排水法》《污水排水（工业废水）条例》等，排入公共下水道的工业废水温度不得高于 45℃，pH 必须不低于 6 并且不高于 9。这些法律还对工业废水中特殊物质的含量、金属的含量作出了详细规定。同时，严格规定废水中不得含有电石、汽油及其他易燃物质。对于超标情况，新加坡环境部公用事业局专门制定了详细的税收细则。

新加坡以强有力的执法，让违法者承担高昂的违法成本。公用事业局作为监管者不参与环保治理相关业务，只负责监管企业排出的污水是否符合国家规定的标准，不达标的企业将被处以高额罚款甚至关停。新加坡公用事业局一项名为“新加坡无线水哨兵”的供水网络远程监测项目于 2009 年发起，在供水管道内安装传感器，以便在管道爆裂或水质受污染时能及时作出反应。这些传感器还能计算水的酸碱度，并间接反映水质导电指数。

1.2 国内先进经验

我国始终将饮用水水源保护作为生态文明建设的重要任务。1984 年颁布的《中华人民共和国水污染防治法》首次确立饮用水水源保护区制度，授权县级以上人民政府依法划定保护区，这一制度历经 1996 年、2008 年及 2017 年三次修订完善，逐步形成分级管控体系（一级、二级及准保护区），并明确禁止排污口设置、工业项目新建等强制性规定。

生态环境部门以保护区划定为基准，构建涵盖规范化建设标准、水质动态监测网络及目标责任考核的闭环管理体系。为此，各地结合区域特征积极探索饮用水水源保护模式：长三角地区通过跨省生态补偿机制协调流域保护责任，珠三角城市群运用物联网技术实现饮用水水源地全天候智能监控。这种“国家规范+地方创新”的治理模式，为系统性破解城市饮用水水源地空间重叠、污染负荷超载、监管能力不足等难题提供了先进经验。

1.2.1 上海

上海市地处长江流域和太湖流域最下游，濒江临海。上海市饮用水水源以地表水为主，长江和黄浦江是重要的饮用水水源所在地。作为特大型城市，上海市委、市政府高度重视饮用水水源保护和供水安全保障工作，先后建成了长江陈行、青草沙、东风西沙和金泽水库四大水源地，形成“两江并举、集中取水、水库供水、一网调度”的原水供应格局。上海市在饮用水水源地保护管理和规范化建设方面有许多经验值得借鉴。

一是建章立制，规范管理。上海市根据国家规范管理要求，划定水源保护区，不断完善饮用水水源地的制度建设：《上海市饮用水水源保护条例》规范指导全市饮用水水源保护工作；《上海市人民政府关于原则同意〈上海市主要饮用水水源保护区边界划定和调整专项规范〉的批复》确定了青草沙、陈行、崇明东风西沙水源保护范围；《黄浦江上游饮用水水源保护区划（2017 版）》对黄浦江上游水源保护区进行调整，优化了水源保护区分布；上海市《生活饮用水水质标准》（DB31/T 1091—2018）是全国第一部地方饮用水标准，其制定和实施对上海市净水工艺改造、管理水平提升和供水水质提高具有推动作用；《上海市饮用水水源保护缓冲区管理办法》实现水源保护区、准保护区和缓冲区的差别化管控，明确缓冲区划定和调整程序、缓冲区产业准入要求、缓冲区固体废物的管理要求以及缓冲区适用饮用水水源保护生态补偿政策等。从“源头”到“龙头”落实公众监督，严格按照国家要求进行水质监测，同时，将上海市饮用水水源地水质、供水厂水质以及龙头水水质分别在市环保局、市水务局以及市卫生健康委的门户网站对社会公开，接受社会监督。

二是全面开展饮用水水源保护区排污口摸排和整治工作。上海市全力推进饮用水水源保护区内排污口整治工作。各相关区政府不遗余力，组织力量、集中精力落实整改。在中央环保督察以及长江经济带“共抓大保护”专项行动的推动下，上海市通过截污纳管和产业结构调整，进一步加大执法力度，推进排污口整治工作。

三是完善水源地监测和预警体系建设。上海市逐步建立了“流域—水源地—原水系统”的三级监控网络和预警体系，四大水源地主要取水口均安装了水质在线监测系统。加密饮用水水源地 109 项全指标监测频次，积极开展 109 项指标以外指标，如持久性有机物、激素、抗生素等指标的检测方法建立和特征污染物分析研究工作。同时，进一步加强太浦河危化品船舶运输的禁航管理。上海市通过卫星遥感系统对上海水源保护区开展巡查，逐步建立“人防+技防”的问题发现机制，更高效地督促各区自查，及时跟踪相关工作的推进进度，使属地化责任真正落到实处。

四是深化长三角联防联治机制。上海市会同太湖流域管理局及苏浙沪二省一市的环保和水利（水务）部门，建立太浦河流域水环境协调交流工作机制，第一时间共享预警断面水质、太浦闸下泄流量、最新调度方案等信息，及时采取预警措施，有力地保障了金泽水源地的水质安全；同时，还牵头编制了《长三角区域饮用水水源地互督互学实施方案》，组织开展上海市的饮用水水源地互督互学，参与浙江省和江苏省的相关工作，建立了良好的长三角联防联治机制。

1.2.2 重庆

重庆市位于长江上游，地处青藏高原与长江中下游的过渡带，属于亚热带季风性湿润气候，冬暖夏热，湿润多阴，地表水资源相对贫乏，且时空分布不均，地下水资源甚少。重庆市现有地表水型集中式饮用水水源地 1 200 多个，约占全市集中式饮用水水源地总数的 85%，分布于三峡库区长江、嘉陵江、乌江干流及其次级支流上。

“加快建设山清水秀美丽之地”是习近平总书记对重庆提出的战略目标，是重庆推动长江经济带发展的责任所在。重庆市坚持生态优先和绿色发展理念，着力加强长江生态环境保护与修复，推进水环境质量持续改善，在持续巩固城市集中式饮用水水源地专项整治方面，工作卓有成效。

一是严格按照集中式饮用水水源地保护区划分、标志标牌设立、保护区内环境违法问题整治等工作要求，扎实开展集中式饮用水水源地环境保护专项行动。

强化“上游意识”，担起“上游责任”，严守政治纪律，坚守生态红线，把修复长江生态环境摆在压倒性位置，用实际行动筑牢长江上游重要生态屏障。

二是科学制定工作方案，压紧压实责任。重庆市政府印发实施《主城区集中式饮用水水源地保护区船舶污染整治工作任务分解》《重庆市县级及以上城市集中式饮用水水源地环境保护专项行动实施方案》《重庆市县级及以上城市集中式饮用水水源地环境保护专项行动深化整治方案》《重庆市区县级及以上集中式城市饮用水水源地保护专项排查实施方案》等文件，要求各区（县）制定整治工作方案，明确整改时限、责任领导、责任单位、责任人员，严肃查处水源地保护区内违法违规项目，建立健全专项行动成果巩固长效机制。

三是组织全面排查，准确掌握底数。通过自查全面掌握县级城市集中式饮用水水源地类别、供水量、服务人口、划定批复文件文号等大量基础数据，确保排查工作无禁区、无遗漏。

四是各区（县）立行立改，务求整改实效。重庆市建立问题清单整改销号制度，每月定期调度，坚持“整改一个、销号一个”，务求各项违法违规问题按期全部清零。此外，主城区通过整合自来水厂、加强骨干水厂区域供水能力、关闭一批中小水厂、完善主城供水“两江互济”工程等措施，同时启动观景口水库、藻渡水库等集中式饮用水水源地建设，有效地巩固了专项整治行动成果以及对主城区供水安全提供了有力保障。主城区各有关区（县）严格落实属地管理责任，按照“一个水源地、一个方案、一抓到底”的原则，落实“定人员、定时间、定责任、定标准、定措施”工作要求，扎实推进问题整改。

五是各部门协调联动，强力推进整治工作。重庆市交通局、重庆海事局大力推进、指导督促各区（县）开展餐饮船舶搬迁、船舶码头整治工作。市城管局、市水务资产公司在优化整合饮用水水源地过程中发挥了重要作用。市住房城乡建委、市城管局积极推进城区污水管网建设工作。市农业农村委大力推进饮用水水源地保护区内种植、养殖取缔，并严格限制农药、化肥施用。

1.2.3 江苏

江苏省虽有丰沛的河湖资源，是典型的水乡，但地处长江流域下游，水资源南丰北缺，水质性缺水和资源性缺水矛盾并存。江苏省饮用水水源地有其自身的特殊性，除少数水源地集中在大中型水库外，绝大多数在江河湖流域性河道内，且受周边环境及上游来水影响较大；江苏省大部分地区属于平原河网地区，水系纵横交叉，一个点源的污水排放会波及周边；江苏省人口密度大，经济总量大，水资源消耗总量大，饮用水安全问题面临着严峻挑战。近年来，江苏省深入践行“节水优先，空间均衡，系统治理，两手发力”的治水思路，坚持把水资源作为最大刚性约束，以水而定、量水而行，强化刚性约束，规范全域管理，推进水资源集约安全利用，不断加强集中式饮用水水源地规范化建设，提高环境管理水平。

一是科学编制水源地安全保障规划。各级政府制定本地区水源地安全保障规划，对饮用水水源地和应急水源地的布局、周边产业设置、安全状况、建设保护范围、管理措施、调（输）水工程、应急预案等内容进行合理安排。以利于水源保护为目标，因地制宜优化水源布局，统筹城乡供水和水源保护，实现水源地相对集中、集中保护、降低成本、减少风险。在严格饮用水水源保护区和对水功能区保护的基础上，强化流域区域、重要河湖水系保护，严格禁止、限制、控制与水源保护无关的行为，确保饮用水水源保护落到实处。

二是依规进行水源地核准。县级以上城市水源地（含城市应急水源地）和日供水规模 10 000 m^3 以上的乡镇区域供水水源地（含应急水源地）由省核准，省水行政主管部门按照饮用水水源地布局、水功能区管理、水资源配置、水资源论证和取水许可等要求，征求省生态环境、住建等部门意见后，审查核准饮用水水源地。经核准的饮用水水源地名录，由省水行政主管部门定期公布。严重不安全的水源地，由市、县（市、区）水行政主管部门会同生态环境、供水等部门评估论证，经本级人民政府同意后报省水行政主管部门核销，从饮用水水源地名录中删除。其他水源地由设区市水行政主管部门核准。

三是着力强化饮用水水源保护区环境综合整治。根据有关法律法规要求，严格保护水源地环境，强化污染源综合整治。一级保护区内不得存在与供水设施和保护水源无关的建设项目及设施，现有建设项目和设施限期拆除或关闭，并视情况进行生态修复。二级保护区内无入河排污口，无新建、改建、扩建排放污染物的建设项目，现有项目限期拆除或关闭。准保护区内无新建、扩建制药、化工、造纸、制革、印染、染料、炼焦、炼硫、炼砷、炼油、电镀、农药等对水体污染严重的建设项目，保护区划定前已有的上述建设项目不得增加排污量并逐步搬出。

四是切实加强水源地水利工程维修与养护工作。各地应加强水源地水利工程维修养护工作，强化日常巡查巡视，加强河岸、河床、河势监测与治理，保持饮用水水源地取水口附近河岸及河床稳定，确保饮用水水源地水利工程安全高效运行。在枯水季节或枯水年份，通过优化工程调度，保障河道饮用水水源地合理流量和湖泊、水库及地下水饮用水水源地合理水位；在泄洪排涝期间，特别是每年汛期第一场洪水来临时，通过上下游联动，优化水利工程调度来保障水源地的水质安全。

五是依法开展水源地监测与信息发布工作。水源地管理机构应加强水源地日常巡查，落实巡查责任、巡查人员、巡查制度和巡查方案。通过定期巡查、突击巡查、专项巡查和重点巡查等方式，监视水源保护区内饮用水、水域、水工程及其他设施变化状态，掌握工程安全情况。一级保护区做到每日巡查，二级保护区现场巡查每月不少于 3 次，准保护区现场巡查每月不少于 1 次。整合饮用水水源地水质监测资源，科学划分确定监测范围、点位和项目，加强水质自动监测监控和预警能力建设，建立饮用水水源地水质信息平台。生态环境行政主管部门应加强饮用水水源地环境质量的监测，依法发布环境状况公报。水行政主管部门应加强对饮用水水源地水量、水质的监测，依法发布水文情报预报。交通部门应加强对通航水域船舶防污，油品、危化品运输仓储环节的监督管理，及时通报突发事故相关信息。供水主管部门督促供水企业加强对饮用水水源取水口水质监测工作，定期通报原水水质。在水源地水质监测过程中，各有关部门建立健全信息共享和报告机制，一旦发现异常情况，按规定及时报告给地方人民政府，并通报相关部门，积极做好应急响应和处置工作。对可能影响本地区或其他地区供水安全的突发水污染事件，在接到报告后 2 h 内向省住房城乡建设厅、生态环境厅、水利厅报告，必要时请求省有关部门给予指导。

六是建立健全水源地管理保护体系。各地按照水源地管理和保护地方行政首长负责制要求，建立饮用水水源地管理与保护工作机构。原则上，县级以上城市集中式饮用水水源地应当成立专门的水源地管理机构，由供水或堤防管理机构管理水源地的，要进一步明确其水源地管理和保护的职责，并落实相应人员编制。完善政府主导、部门协作的工作机制，建立健全保护饮用水水源地的部门联动、协作、联席会议和重大事项会商机制，不定期研究水源地安全保障相关事项。加强饮用水水源地水量、水质和水生态监测、预警，提高信息化、智能化水平，县级以上城市水源地（含城市应急水源地）和日供水规模 10 000 m^3 以上的乡镇区域供水水源地（含应急水源地），需在取水口及上游一定距离内分别安装水质在线监测系统。建成全省饮用水水源地信息管理系统，实现省、市、县三级和各相关部门间的信息共享，为水源地日常管理、应急决策、供水企业生产、饮用水卫生监管等提供信息支持。加大饮用水水源地水政监察和环境督查力度，建立目标考核责任制，将饮用水水源地安全保障纳入政府考核，对于水源地周边环境不佳、管理不佳或者发生水污染事故引发停水的，坚决严肃追究相关部门和人员责任。建立饮用水水源保护生态补偿机制，由受益单位或地区对饮用水水源保护地区发展机会成本等给予相应补偿，提高相关地区保护水源的积极性。相关部门要按照“一源一档、同时建立、同步更新”的原则，建立饮用水水源地、应急水源地管理与保护电子档案，对于有变动的内容须同步更新。

七是定期开展水源地水量与水质安全评估及风险排查。各级政府每 2～3 年组织开展 1 次饮用水水源地安全调查评估，定期检查各项管理和保护措施的落实情况，及时掌握饮用水水源地的安全状况。对不符合国家有关标准规范要求并经过评估为不安全的饮用水水源地，立即组织整改。安全评估主要从水量、水质、污染源、应急保障、管理状况等方面进行。地表水型饮用水水源地水质，按照《地表水环境质量标准》（GB 3838—2002）进行评价；地下水型饮用水水源地水质，按照《地下水质量标准》（GB/T 14848—2017）进行评价。湖库型饮用水水源地评估，进行富营养状态评价。各级水利、生态环境、供水、交通、海事部门定期排查影响水源地安全的风险隐患，对随时可能发生的突发性污染事件，按照“超前预警、及时应对、有效处置、确保安全”的要求，制定和完善应急预案，并报本级人民政府批准，做到“一地一策”。各地对饮用水水源地周边高风险区域，设置应急物资储备库等应急防护工程，上游连接水体设有节制闸、拦污坝、导流渠、调水沟渠等防护工程设施。明确应急处置工作责任单位和应急程序，及时处置好水源地突发性事件。根据水源地和风险源的变化情况适时修订水源地应急预案。积极进行演练，一旦发生突发性水污染事件，地方政府要加强统一领导，各有关部门各司其职、快速行动，有力、有序地开展应急处置工作。

1.2.4 浙江

浙江省位于我国东南沿海长江三角洲南翼，地处东亚副热带季风区，雨量丰沛，加上其优越的地理条件，使浙江省在水库资源方面具有得天独厚的优势。浙江省近 70%的饮用水水源地是湖库，湖库不仅在防洪、灌溉、渔业、发电、旅游及维系流域生态平衡等方面发挥着重要作用，而且已成为浙江省重要的饮用水水源地。近年来，全省水污染防治力度持续加大，湖库水环境质量总体保持良好，饮用水安全得到了有效保障。

一是实施保护区划定与供水工程“三同时”制度。在新建县级以上供水工程时，统筹考虑饮用水水源保护区划定和整治等，在确保水量充足、水质安全的同时，将饮用水水源保护区划定等工作与供水工程同时踏勘、同时规划、同时论证。

二是实施水质提升行动。对不达标水源地开展全面排查，制定“一源一策”，明确问题清单、措施清单和责任清单，分年度推进。加快完成不达标水源地上游及周边乡镇（街道）“污水零直排区”建设，强化集雨区范围内退耕还林、农药化肥减量增效等综合性措施，监督检查船舶防污染设施配备与运行情况，杜绝船舶污染。

三是推进生态缓冲带建设。探索开展县级以上水源地全有机物指标分析，对重点饮用水水源地分年度开展生态缓冲带建设，有效拦截初期雨水、面源污染，逐年改善提升城乡水源地水质。实现县级以上饮用水水源地水质稳定达标和“千吨万人”饮用水水源地水质的达标率。

四是建立省内流域上、下游横向生态保护补偿机制。流域上、下游县（市、区）政府作为责任主体，通过自主协商，建立“环境责任协议制度”，通过签订协议明确各自的责任和义务。省级相关部门作为第三方，对生态保护补偿正常实施给予指导，并对协议履行情况实施监管，同时，对重点流域的横向生态保护补偿给予引导和支持。

五是打造数字智治体系。充分运用遥感卫星、无人机、天眼监控、无人船等新技术新设备，构建“天地空一体化”监控体系。整合数据资源，集成监控数据、地理空间信息、饮用水水源地基础信息和监测预警预报数据等内容，形成省、市两级饮用水水源保护区数字化智管系统并纳入环境协同管理平台，与环评审批、环境监管、执法实行联动，杜绝新的环境违法问题。

六是编制《浙江省“五水共治”（河长制）碧水行动实施方案》，对加强饮用水水源保护、饮用水水源地安全保障达标建设、加强良好水体保护和供水安全保障具有指导作用。

七是浙江省高级人民法院、省人民检察院、省公安厅、省生态环境厅联合推出行政执法与司法协调联动，推进饮用水水源保护区简易执法，对污染饮用水水源保护区环境的违法行为快办快处。推动建立信息共享机制，在有条件的地区推行联络机构实体化运作；生态环境部门开通环境执法相关数据平台查询权限（如危险废物管理平台、环保"一源一档"平台、在线监测平台、环保投诉举报平台等），全面梳理涉嫌生态环境违法犯罪线索，建立信息档案，为侦查办案提供信息储备；加强联合培训和强化检验鉴定工作等。

八是在部分水库源头修建水库复合生态湿地工程和堰坝引水工程。湿地先后经过 14 道海绵化处理工艺，同时具备"渗、滞、排、净、蓄"等功能。生态湿地工程种植水生、陆生和湿地三大类植物；堰坝引水工程的主要作用是将水库上游小溪里的水位抬高，通过管道引入湿地。通过湿地里种植的植物进一步去除水中的有机污染物，以及分解有害化合物等，经过湿地处理的来水再汇入水库。

1.2.5 山东

山东省是我国农业大省、经济大省，也是水资源消耗大省，水资源紧缺是山东省的基本省情。山东省东部临海，受气候影响，降水时间集中，且区域分布特征明显，除京杭运河、黄河外，还有诸多中小河，划属海河、淮河、黄河三大流域，地下水以孔隙水和基岩裂隙水为主，地下水补给方式多为大气降水及河水侧向入渗补给，水质良好，动态类型多样。2023 年山东省水资源总量为 249.75 亿 m^3，大中型水库蓄水总量为 48.30 亿 m^3。山东省作为全国加快实施最严格的水资源管理制度的试点省份之一，采取多项措施严格水资源管理，在饮用水水源地保护方面也做出了大量的努力，体现在保护区划分和水源地安全状况评价的基础上，在饮用水水源保护区范围内进行的饮用水水源地保护工程建设，特别是建立和实施饮用水水源地保护、生态修复与保护、污染源整治与控制、隔离防护等工程措施，具体体现在以下方面：

一是地表水水源保护区污染源综合整治工程，通过对保护区点源污染（工业污染和生活污染点源治理、保护区内人口搬迁、集中式畜禽养殖污染控制等）、面源污染（主要是农田径流污染控制）和内源污染（底泥治理和水产养殖治理工程）进行综合整治。

二是地下水水源地污染控制工程，主要包括治污工程、截污及污水资源化工程、工业点源达标再提高工程、垃圾收集与处置工程等措施。在保护区内禁止污水灌溉，严禁施用化肥、农药；严格禁止采用渗坑、渗井等向地下排污；保护区内各种建筑物施工应做到经卫生防疫部门和水资源管理部门的同意才可进行。附属工程包括设立规范化保护区标志，加强各类水源井的防渗措施；按照要求每眼井都应设有围墙、泵房、警示牌等。

三是对于重要的湖库型饮用水水源保护区，在采取隔离防护及综合整治工程方案的基础上，有针对性地在主要入湖库支流、周边及湖库内建设生态防护工程。通过生物净化作用改善入湖库支流和水质。

四是对水库型水源地采取的主要措施有土地利用结构调整、自然修复、综合治理、农村面源污染控制、水土保持等措施，有效控制农业面源污染，逐步减少农药、化肥施用量，推广施用有机肥料和生物农药；实施畜禽养殖废物资源化和秸秆综合利用项目，加强农用地膜的回收利用和处理，有效控制农业残留物污染。

1.2.6 江西

保障群众饮水安全是落实长江经济带发展战略的基本要求，也是长江经济带生态环境保护的一项核心内容。在长江经济带饮用水水源地环境保护方面，江西省做了以下工作：

一是推进规范化建设。江西省生态环境保护委员会办公室下发了《关于进一步加强饮用水水源保护工作的函》，加强和规范了饮用水水源保护区的划定、规范化建设、备用水源建设、饮水安全状况信息公开等工作，切实加强江西省饮用水水源保护和规范化建设，有效地保障了人民群众饮水安全。

二是依法组织划定饮用水水源保护区。严格按照《中华人民共和国水污染防治法》推进江西省集中式饮用水水源保护区划定和设立警示标志，保护区划定工作基本实现全覆盖，较好地保障了人民群众的饮水安全。

三是积极开展评估工作。每年定期组织开展江西省县级及以上城市集中式饮用水水源保护环境状况调查评估，将评估过程中发现的问题反馈给地方政府，并提出整改要求。

四是建立饮用水水源“一源一档”。严格要求各地将“饮用水水源地的基本情况、饮用水水源地的环境管理情况和饮用水水源地的环境质量状况”梳理排查，全面建立“一源一档”。

五是组织开展饮用水水源地环保执法专项行动。认真贯彻落实“共抓大保护、不搞大开发”的重要要求，组织开展了长江经济带饮用水水源地环境保护、江西省县级及以上集中式饮用水水源地保护、长江经济带化工企业污染整治、地下水环境保护 4 个专项行动。采取省（市）联动、异地交叉检查的方式，对市级以上集中式饮用水水源地开展交叉检查工作，对县级饮用水水源地的检查由地市牵头开展。

六是积极推进县级以下水源地攻坚战工作。下发了《江西省生态环境厅关于加快实施〈江西省污染防治攻坚战县级以下地表水和地下水型饮用水水源地环境保护专项行动实施方案〉的通知》，通知要求各地高度重视饮用水水源保护，加强组织领导，落实工作责任，加大资金投入，强化环境监管，采取有效措施，加快推进保护区划定调整和规范化建设；要充分结合本地实际，编制《县级以下地表水和地下水型饮用水水源地环境保护专项行动实施方案》并上报备案。

第2章 深圳市饮用水水源地概况

2.1　自然地理概况

深圳市属于亚热带海洋性季风气候，雨量充沛，多年平均降水量为 1 830 mm，雨量空间分布不均，东南多、西北少，呈自东向西递减现象，东部地区约为 2 000 mm，中部地区为 1 700～2 000 mm，西部地区约为 1 700 mm；全市降水时间分布也不均匀，降水主要集中在汛期 4—10 月，约占全年降水量的 85%。深圳地区虽然降水量丰富，但是由于降水分布和区域因季节差异大，而且深圳市本身也缺少大型储水水库，因此，雨季降水实际被利用的水量很少。

全市（不含深汕合作区）地表水按最终流向可分为 3 个水系，东江水系、珠江口水系以及海湾水系。其中，珠江口水系流域面积最大，为 938.8 km^2，占全市流域面积的 47.96%；其次是东江水系，面积为 664.9 km^2，占全市流域面积的 33.96%；海湾水系相对较小，面积为 353.9 km^2，占全市流域面积的 18.08%；3 个水系辖区包含 9 个流域、160 多条河流。

深圳市进行集中供水的 34 座水库主要分布于 3 个水系的 9 个流域和深汕合作区的红海湾的赤石河流域，各水源水库对应的水系及流域见表 2-1。

表 2-1　深圳市各水系及流域内的水源水库分布情况

序号	水系名称	流域名称	水源水库
1	东江	观澜河（石马河）流域	茜坑水库、雁田水库
2		龙岗河流域	龙口水库、清林径水库、铜锣径水库、松子坑水库
3		坪山河流域	三洲田水库、红花岭水库（上库、下库、上洞坳水库）、赤坳水库
4	珠江口	珠江口流域	铁岗水库
5		茅洲河流域	石岩水库、鹅颈水库、公明水库、罗田水库
6		深圳河流域	深圳水库
7		深圳湾陆域流域	西丽水库、长岭皮水库、梅林水库
8	东部海湾	大鹏湾陆域流域	罗屋田水库、径心水库、枫木浪水库
9		大亚湾陆域流域	打马坜水库、香车水库、洞梓水库、东涌水库、大坑水库、岭澳水库
10	红海湾	赤石河流域	小漠水库、下径水库、窑坡水库、泗马岭水库、三角山水库

2.2 流域水系分布

深圳市河流受地质构造控制，以海岸山脉和羊台山为主要分水岭，其地形地貌的特点决定了河流水系的分布和走向，小河沟数目较多、分布较广、干流较短是深圳市水系的主要特点，整体可划分为珠江口水系、东江水系和海湾水系 3 个水系。

珠江口水系：西部和西南地区诸河流，流入珠江口伶仃洋，主要河流有深圳河、大沙河、西乡河和茅洲河。

东江水系：主要为东北部河流，发源于海岸山脉北麓，由中部往北或东北方向流入东江中、下游，主要河流有龙岗河、坪山河和观澜河。

海湾水系：河流发源于海岸山脉南麓，流入大鹏湾和大亚湾，主要河流有盐田河、葵涌河、王母河、东涌河等。

根据 2003 年全市河道堤防普查成果，依据深圳市水系分布特点与河流地理特征，将深圳市 1 948.69 km^2 地域面积划分为 9 个分区进行资料整理，各分区名称及排序：①茅洲河流域分区；②观澜河流域分区；③龙岗河流域分区；④坪山河流域分区；⑤深圳河流域分区；⑥珠江口水系分区；⑦深圳湾水系分区；⑧大鹏湾水系分区；⑨大亚湾水系分区。按深圳市地域范围统计，集雨面积大于 1 km^2 的河流共计 310 条，其中，独立河流有 98 条（内陆河流仅 8 条，其余 90 条为直接入海河流）。

在这 310 条河流中，流域面积大于 100 km^2 的河流有 5 条（深圳河、茅洲河、龙岗河、坪山河、观澜河）；流域面积大于 50 km^2 小于 100 km^2 的河流有 5 条（丁山河、沙湾河、布吉河、西乡河、大沙河）；集雨面积大于 10 km^2 的河流有 69 条；集雨面积大于 5 km^2 的河流有 106 条。

（1）茅洲河流域

茅洲河流域位于深圳市的西北角，属于宝安区，与东莞市交界，主要包括宝安区的石岩镇、光明街办、公明镇、松岗镇、沙井镇，控制面积为 310.85 km^2。该分区内共有大小河流 41 条，其中，干流 1 条，一级支流 23 条，二级、三级支流 17 条。流域面积大于 50 km^2 的河流仅有 1 条，即茅洲河。与东莞市的界河 2 条：茅洲河与塘下涌，其界河河段总长度为 15.03 km。感潮河流 11 条，感潮河段总长 31.58 km。

（2）观澜河流域

观澜河流域位于深圳市的中部，主要包括宝安区的龙华镇、观澜镇、光明街道办和龙岗区的平湖镇、布吉镇，控制面积为 246.53 km^2。该分区内共有大小河流 31 条，其中，独立河流 6 条（观澜河、君子布河、牛湖水、山夏河、鹅公岭河、木古河），一级支流 14 条，二级、三级支流 11 条。流域面积大于 50 km^2 的河流仅有 1 条（观澜河），流域面积大于 10 km^2 的河流有 12 条，流域面积大于 5 km^2 的河流有 18 条。

（3）龙岗河流域

龙岗河流域位于深圳市的中北部龙岗区内，主要包括龙岗区的横岗镇、龙岗镇、坪地镇、坑梓镇，控制面积为 297.32 km^2。该分区内大小河流共有 43 条，干流有 1 条（龙岗河），一级支流有 15 条，二级、三级支流有 27 条。流域面积大于 50 km^2 的河流仅有 2 条（龙岗河、丁山河），流域面积大于 10 km^2 的河流有 14 条，流域面积大于 5 km^2 的河流有 16 条。

（4）坪山河流域

坪山河流域位于深圳市的中北部龙岗区内，主要包括龙岗区的坪山镇和盐田区的小部分（三洲田水库以上），控制面积为 129.4 km^2。该分区内大小河流共有 15 条，干流仅有 1 条（坪山河），一级支流有 11 条，二级、三级支流有 3 条。流域面积大于 50 km^2 的河流仅有 1 条（坪山河），流域面积大于 10 km^2 的河流有 6 条，流域面积大于 5 km^2 的河流有 9 条。

（5）深圳河流域

深圳河流域位于深圳市的中部，自北向南汇入深圳湾，主要包括龙岗区的布吉镇、横岗镇、平湖镇和特区境内的罗湖区、福田区，控制面积为 172.06 km^2。该分区内大小河流共有 36 条，独立河流有 1 条（深圳河），一级支流有 5 条，二级、三级支流有 30 条。流域面积大于 50 km^2 的河流有 3 条（深圳河、沙湾河、布吉河），流域面积大于 10 km^2 的河流有 8 条，流域面积大于 5 km^2 的河流有 13 条。

（6）珠江口水系

珠江口水系位于深圳市的西南部，主要包括宝安区的沙井镇、福永镇、西乡镇、新安街办和南山区，控制面积为 260.46 km^2。该分区内大小河流共有 38 条，独立河流有 31 条，一级支流有 7 条。流域面积大于 50 km^2 的河流仅有 1 条（西乡河），流域面积大于 10 km^2 的河流有 2 条，流域面积大于 5 km^2 的河流有 6 条。

（7）深圳湾水系

深圳湾水系位于深圳市的中南部，主要包括特区内的南山区、福田区，控制面积为 174.62 km^2。该分区内大小河流共有 26 条，独立河流有 5 条，一级支流有 13 条，二级、三级支流有 8 条。流域面积大于 50 km^2 的河流仅有 1 条（大沙河），流域面积大于 10 km^2 的河流有 4 条，流域面积大于 5 km^2 的河流有 6 条。

（8）大鹏湾水系

大鹏湾水系位于深圳市的中南部，主要包括特区内的盐田区及龙岗区的葵涌镇、大鹏镇、南澳镇一部分，控制面积为 179.35 km^2。该分区内大小河流共有 45 条，独立河流有 24 条，一级支流有 18 条，二级、三级支流有 3 条。流域面积大于 10 km^2 的河流有 4 条，流域面积大于 5 km^2 的河流有 9 条。

（9）大亚湾水系

大亚湾水系位于深圳市的东部，主要包括特龙岗区的葵涌镇、大鹏镇、南澳镇的一部分，控制面积为 178.10 km^2。该分区内大小河流共有 35 条，独立河流有 28 条，一级支流有 7 条。流域面积大于 10 km^2 的河流有 5 条，流域面积大于 5 km^2 的河流有 8 条。

2.3 饮用水水源地基本情况

43 个饮用水水源地分布于深圳市内三大水系的 9 个流域及深汕合作区，其中，规划保留供水功能水源地 34 个，大型水库 2 座，中型水库 14 座、小（Ⅰ）型水库 18 座；已取消供水功能水源地 9 个，均为小（Ⅰ）型水库。全市 43 个饮用水水源地基本情况见表 2-2。

表 2-2 全市 43 个饮用水水源地基本情况

序号	饮用水水源地名称	行政区划	建成时间	地理位置	集雨面积/km^2	水库主要功能
1	铁岗水库	宝安区	1956.1	西乡街道	64	防洪、供水、调蓄
2	石岩水库		1960.3	石岩街道	44	防洪、供水、调蓄
3	罗田水库		1958.4	燕罗街道	20	防洪、供水
4	长流陂水库		1992.8	新桥街道	8.8	防洪

序号	饮用水水源地名称	行政区划	建成时间	地理位置	集雨面积/km²	水库主要功能
5	公明水库	光明区	2017	公明街道	11.77	防洪、供水、调蓄
6	鹅颈水库		2024	凤凰街道	4.16	防洪、供水、调蓄
7	西丽水库	南山区	1960.5	西丽街道	29	防洪、供水、调蓄
8	长岭皮水库		1981.12	桃源街道	9.93	防洪、供水、调蓄
9	梅林水库	福田区	1993.2	梅林街道	3.34	防洪、供水、调蓄
10	茜坑水库	龙华区	1993.4	福城街道	4.79	防洪、供水、调蓄
11	深圳水库	罗湖区	1960.3	东湖街道	60.5	防洪、供水、调蓄
12	雁田水库	东莞市凤岗镇	1965.2	雁田乡	18.9	防洪、供水、调蓄
13	清林径水库	龙岗区	2020	龙岗街道	27.2	防洪、供水、调蓄
14	铜锣径水库		2020	园山街道	5.54	防洪、供水、调蓄
15	龙口水库		1995.8	龙城街道	1.93	供水、防洪、调蓄
16	甘坑水库		1958.6	平湖街道	5.6	供水、防洪
17	苗坑水库		1992.4	平湖街道	0.92	供水、防洪
18	炳坑水库		1964.11	宝龙街道	3.02	防洪
19	黄竹坑水库		1991.12	坪地街道	3.4	防洪
20	白石塘水库		1964.1	坪地街道	1.59	防洪
21	岗头水库		1989.1	坂田街道	1.25	供水、防洪
22	三洲田水库	坪山区	1959.12	碧岭街道	7.14	防洪、供水
23	赤坳水库		1983.1	马峦街道	14.6	防洪、供水、调蓄
24	松子坑水库		1995.2	坪山街道	4.96	防洪、供水、调蓄
25	大山陂水库		1969.4	马峦街道	1.219	防洪
26	矿山水库		1957.6	马峦街道	5.073	防洪
27	红花岭上库		1993.7	马峦街道	4.57	防洪、供水
28	红花岭下库		1974.8	马峦街道	3.03	防洪、供水
29	上洞坳水库		2000.6	马峦街道	1.29	防洪、供水
30	径心水库	大鹏新区	1990.6	葵涌街道	10.09	防洪、供水、调蓄
31	枫木浪水库		1969.11	南澳街道	4.97	供水、防洪
32	打马坜水库		1964.1	大鹏街道	4.12	供水、防洪
33	香车水库		1999.1	南澳街道	2.866	供水、防洪
34	大坑水库		1985.6	大鹏街道	5	防洪、供水
35	岭澳水库		1997.3	大鹏街道	3.42	防洪、供水
36	罗屋田水库		1965.2	葵涌街道	7.86	防洪、供水
37	东涌水库		在建	南澳街道	9.6	防洪、供水
38	洞梓水库		2017.8	葵涌街道	2.74	防洪、供水、生态

序号	饮用水水源地名称	行政区划	建成时间	地理位置	集雨面积/km²	水库主要功能
39	下径水库	深汕合作区	1973.1	鹅埠镇	3.65	灌溉、防洪、供水
40	小漠水库		1974.12	小漠镇	2.01	灌溉、防洪、供水
41	三角山水库		1991.4	圆墩林场	3.62	灌溉、防洪、供水、发电
42	窑陂水库		1980.12	赤石镇	5.14	灌溉、防洪、供水、发电
43	泗马岭水库		1973.3	鲘门镇	2.12	防洪、灌溉、供水

2.4 供水布局概况

目前，深圳市已形成由东江水源工程、东深供水工程两大境外引水工程为主干线，通过连通松子坑、深圳、西丽、铁岗、石岩、龙口、茜坑、鹅颈等18座调蓄水库，46条输配水支线，45座水厂组成的“长藤结瓜、分片调蓄、互补调剂”输配水网络布局，水源供应能力为22亿 m^3/a，自来水厂生产能力为720万 m^3/d，应急供水保障能力为30 d，可满足深圳市近期水源供水需求。

此外，深圳市正在积极配合推进珠江三角洲水资源配置工程，工程建成后将有效改变深圳市当前单一的供水格局，并进一步提高城市的供水安全性和应急备用保障能力，对保障城市供水安全和经济社会可持续发展具有重要作用。深圳市联网水库与东江引水工程网络关系见表2-3。

表2-3 深圳市联网水库与东江引水工程网络关系

序号	地区	水库名称	联结网络支线工程	境外水源工程
1	福田区	梅林水库	北环干管	东深供水
2	罗湖区	深圳水库	东深工程交水点	东深供水
3	南山区	西丽水库	东部网络干线交水点	东部引水
4		长岭皮水库	东部网络干线	东部引水
5	宝安区	铁岗水库	西丽—铁岗连通隧洞	东部引水
6		石岩水库	铁石支线 北线引水鹅—石隧洞	东部引水 东深供水
7		长流陂水库	铁石支线	东部引水

序号	地区	水库名称	联结网络支线工程	境外水源工程
8	龙岗区	清林径水库（正在扩建）	龙清输水工程、东清输水工程	东深供水 东部引水
9		炳坑水库	炳坑应急	东部引水
10		龙口水库	东深工程雁田隧洞	东深供水
11		苗坑—甘坑水库	北线引水	东深供水
12		铜锣径水库	横岗调蓄工程	东部引水
13	光明区	鹅颈水库	北线引水	东深供水
14	坪山区	赤坳水库	大鹏支线	东部引水
15		松子坑水库	东部网络干线	东部引水
16		大山陂—矿山水库	大山陂应急	东部引水
17	龙华区	茜坑水库	北线引水	东深供水
18	大鹏新区	径心水库	大鹏支线	东部引水

目前，全市 85%以上的供水需要分别通过东部和东深两大市外骨干引水工程从东江惠州段的廉福地、老二山取水口和东莞段的太园泵站取水口调入。此外，深圳水库除对深圳市供水外，还承担着对香港供水“中转站”的功能，每年从深圳水库向香港供水约 8 亿 m^3，是典型的“经济水、政治水、生命水”。

2.4.1　东深供水工程

东深供水工程属于跨区域/跨境引水工程，工程取水于珠江三大支流之一的东江，通过大型抽水机站，逐步提升水位，原水通过隧洞导入深圳水库，最后通过坝下输水管供水给香港。东深供水工程于 1964 年 2 月 20 日动工兴建，1965 年 3 月 1 日正式开闸向香港供水。工程全称为“广东省东江—深圳供水灌溉工程”，是实现北水南调的一项宏伟工程。东深供水工程太园泵站取水口如图 2-1 所示。

图 2-1　东深供水工程太园泵站取水口

随着香港社会经济的发展，人们对淡水资源的需求不断上升，同时，内地深圳、东莞等城市的兴起也加大了对淡水资源的需求量。在此背景下，东深工程先后于 1974 年 3 月至 1978 年 9 月进行了东深工程一期扩建，1981 年 10 月至 1987 年 10 月进行了东深工程二期扩建，1990 年 9 月至 1994 年 1 月进行了东深工程三期扩建。该工程于 2000 年 8 月 28 日至 2003 年 6 月 28 日进行改造，改造工程的主要目的是改善水质，实现“清污分流”。20 世纪 90 年代以来，随着东深工程供水沿线地区经济的快速发展和人口的急剧增加，部分水体受到污染。为彻底解决水质污染问题，广东省政府决定对东深供水工程进行根本性改造，建设专用输水系统，实现“清污分流”，改善供水水质，同时适当增加供水能力，解决深圳和东莞沿线地区的用水需求。改造工程的封闭式输水系统长约 52 km，设计提水总扬程 70.25 m，主要建筑物包括供水泵站 3 座、渡槽 3 座（3.9 km）、无压隧洞 7 座（14.5 km）、有压输水箱涵 9.9 km、无压输水明槽、箱涵和涵洞 10.4 km、人工渠道改造 9.1 km、分水建筑物 36 座。工程设计总体布置合理，系统功能完善，实现了“清污分流”和扩大供水规模的目的。

目前，东深供水工程担负着向香港、深圳和东莞工程沿线三地 2 400 多万居民提供生活、生产用水的重任，自东江太园泵站提水，经莲湖供水泵站、旗岭供水泵站、金湖供水泵站以及专用供水水道和生物硝化工程，进入深圳水库，再向深圳、香港供水。输水道总长 68 km，沿线设有 30 多个分水点。东深供水工程输水线路如图 2-2 所示。工程设计供水流量为 100 m^3/s，设计供水能力为 23.23 亿 m^3/a，其中，香港为 11 亿 m^3/a，深圳为 8.73 亿 m^3/a，东莞工程沿线八镇为 4.0 亿 m^3/a。作为香港唯一外来供水水源，东深供水占香港总用水需求的 75%，为香港的稳定和繁荣提供了可靠的基础。东深供水工程设计规模概况见表 2-4。

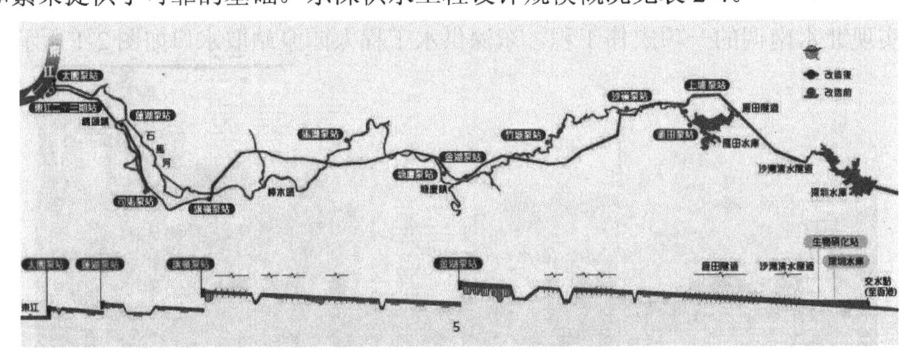

图 2-2　东深供水工程输水线路

表 2-4　东深供水工程设计规模概况

序号	项目	太原泵站	莲湖泵站	旗岭泵站	金湖泵站	雁田隧洞	沙湾隧洞
1	抽水量/（亿 m^3/a）	23.23	23.91	22.29	20.94	—	—
2	设计抽水量/（m^3/s）	100	100	90	90	—	—
3	设计净扬程/m	8.5	11.5	25	25	—	—
4	设计单机流/（m^3/a）	20.05	15.6	15	15	—	—
5	区间设计过流量/（m^3/a）	100	100	90	90	73.3	—

2.4.2　东部供水工程

东部供水工程取水点分别位于惠州市口水镇廉福地的东江干流和马安镇老二山的西枝江。东江水自惠州市永湖泵站提升入输水隧洞，通过市内供水网络干线输送至松子坑水库、西丽水库以及沿线多个水厂，经西丽水库—铁岗水库输水隧洞（设计供水流量 180 万 m^3/d，实际供水流量约 120 万 m^3/d）到铁岗水库。目前，工程已经建成运行，线路全长 105.3 km，设计流量 30 m^3/s，获批准水量为 6.2 亿 m^3/a。其中，工程（一期）设计流量 15 m^3/s，获批准水量为 3.5 亿 m^3/a，于 1996 年开工，2001 年建成通水。工程（二期）设计流量 15 m^3/s，获批准水量为 3.7 亿 m^3/a，于 2006 年开工建设，2010 年正式通水。东部供水水源工程永湖泵站见图 2-3。

图 2-3　东部供水水源工程永湖泵站

2.4.3 珠江三角洲水资源配置工程

珠江三角洲水资源配置工程是国务院批复的《珠江流域综合规划（2012—2030年）》中确定的重要水资源配置工程，也是国务院确定的全国172项节水供水重大水利工程之一。珠江三角洲水资源配置工程由1条干线、2条分干线、1条支线、3座泵站和4座调蓄水库组成。输水线路总长113.2 km，设计年供水量17.08亿 m^3，总投资353.99亿元，建设总工期60个月。工程从佛山市顺德区的西江鲤鱼洲取水后经多级泵站加压，输水至广州市南沙区规划高新沙水库（新建）、东莞松木山水库、深圳罗田水库和公明水库，是迄今为止广东省历史上投资额最大、输水线路最长、受水区域最广的水资源调配工程。珠江三角洲水资源配置工程总平面示意图见图2-4。

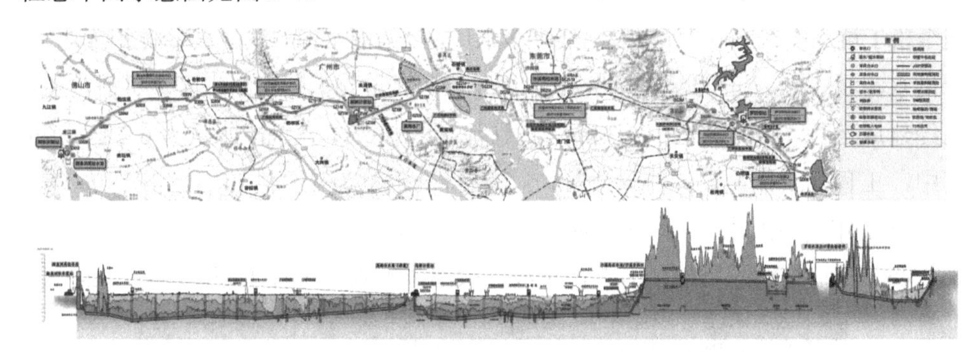

图2-4　珠江三角洲水资源配置工程总平面示意图

珠江三角洲水资源配置工程实施后可有效解决受水区城市经济发展的缺水矛盾，改变广州市南沙区从北江下游沙湾水道取水及深圳市、东莞市从东江取水的单一供水格局，解决广州、深圳、东莞等地生产生活缺水问题，提高供水安全性和应急备用保障能力，适当改善东江下游河道枯水期生态环境流量，对维护广州市南沙区、深圳市及东莞市供水安全和经济社会可持续发展具有重要作用，同时，将对粤港澳大湾区发展提供战略支撑。根据《珠江三角洲水资源配置工程项目初步设计报告》，深圳市的交水水库有罗田水库和公明水库，中期还包括清林径水库。通过以西江引水置换水源，实现西江、东江水源互补，解决挤占东江流域生态用水问题，深圳市将退还2.08亿 m^3 水量作为当地河道生态用水，保障东江下游河道生态用水，并为香港、广州番禺、佛山顺德等地提供应急备用水源。

第3章

饮用水水源保护区划定及优化调整

饮用水水源保护区是保障饮用水水源地环境安全的法定基础性制度。深圳市在落实饮用水水源保护区制度方面走在全国前列，相关实践可为发达城市水源保护区划定及优化调整提供经验。

3.1 法律依据

饮用水水源保护区制度是我国加强饮用水水源地保护的一项环境管理制度。《中华人民共和国水法》（2016年修正）、《中华人民共和国水污染防治法》（2017年修正）等法律以及《广东省环境保护条例》（2019年修正）、《广东省水污染防治条例》（2020年）等地方性法规对饮用水水源保护区划定方案的提出、批准以及优化调整等事项均作出了相应规定。

（1）《中华人民共和国水法》（2016年修正）

第三十三条 国家建立饮用水水源保护区制度。省、自治区、直辖市人民政府应当划定饮用水水源保护区，并采取措施，防止水源枯竭和水体污染，保证城乡居民饮用水安全。

（2）《中华人民共和国水污染防治法》（2017年修正）

第六十三条 国家建立饮用水水源保护区制度。饮用水水源保护区分为一级保护区和二级保护区；必要时，可以在饮用水水源保护区外围划定一定的区域作为准保护区。

饮用水水源保护区的划定，由有关市、县人民政府提出划定方案，报省、自治区、直辖市人民政府批准；跨市、县饮用水水源保护区的划定，由有关市、县人民政府协商提出划定方案，报省、自治区、直辖市人民政府批准；协商不成的，由省、自治区、直辖市人民政府环境保护主管部门会同同级水行政、国土资源、卫生、建设等部门提出划定方案，征求同级有关部门的意见后，报省、自治区、直辖市人民政府批准。

跨省、自治区、直辖市的饮用水水源保护区，由有关省、自治区、直辖市人民政府和流域管理机构协商划定；协商不成的，由国务院环境保护主管部门会同同级水行政、国土资源、卫生、建设等部门提出划定方案，征求国务院有关部门的意见后，报国务院批准。

国务院和省、自治区、直辖市人民政府可以根据保护饮用水水源的实际需要，调整饮用水水源保护区的范围，确保饮用水安全。有关地方人民政府应当在饮用水水源保护区的边界设立明确的地理界标和明显的警示标志。

（3）《广东省环境保护条例》（2019 年修正）

第四十六条 各级人民政府在城乡建设和改造过程中，应当保护和规划各类重要生态用地，严格保护江河源头区、重要水源涵养区、饮用水水源保护区、江河洪水调蓄区、重点湿地、农业生态保护区、水土保持重点区域和重要渔业水域、自然保护区、森林公园、风景名胜区等区域内的自然生态系统，防治生态环境破坏和生态功能退化。

（4）《广东省水污染防治条例》（2020 年）

第四十条 饮用水水源保护区分为一级保护区和二级保护区；必要时，可以在饮用水水源保护区外围划定一定的区域作为准保护区。

饮用水水源保护区的划定，由有关地级以上市、县级人民政府根据当地国土空间规划、供水现状和规划，按照国家和省的有关规定提出划定方案，报省人民政府批准。

跨地级以上市建设作为饮用水水源的异地引水工程，应当在取水口和非完全封闭式饮用水输水河道或者渠道一定范围内的水域和陆域划定饮用水水源保护区。

有关地级以上市、县级人民政府可以根据保护饮用水水源的实际需要，在确保饮用水安全的前提下，提出饮用水水源保护区调整方案，按饮用水水源保护区划定程序报批。

3.2 划分方法

3.2.1 水源地类型

按照水域特征差异，地表水饮用水水源地可分为河流型水源地和湖库型水源地。河流型水源地是指以河流为取水来源的水源地，其规模主要与流域面积、河长长度等密切相关。一般情况下，流域面积越大、河长越长，河流规模越大。湖库型水源地是指以湖泊、水库为取水来源的水源地，按照其库容、水面面积差异，可分为小型水库、中型水库和大型水库以及小型湖泊、大中型湖泊等，具体分级情况见表 3-1。

表 3-1　湖泊、水库分级

水域类型	分级指标范围	规模分级
水库	总库容＜0.1 亿 m^3	小型水库
	0.1 亿 m^3≤总库容＜1 亿 m^3	中型水库
	总库容≥1 亿 m^3	大型水库
湖泊	水面面积≤100 km^2	小型湖泊
	水面面积＞100 km^2	大中型湖泊

3.2.2　饮用水水源保护区划分方法

饮用水水源保护区是以保障水源水质安全为目标，基于水源地周边风险等级的高低而划定的用于管控其社会活动的区域。因此，饮用水水源保护区划分范围既关系水源保护成效，也与地区经济发展密切相关。

目前，国内饮用水水源保护区主要依据《饮用水水源保护区划分技术规范》（HJ 338—2018）划定。根据该标准，地表水饮用水水源保护区可分为水域和陆域部分，其中，水域部分的划分方法有类比经验法、应急响应时间法、数值模型计算法，陆域部分的划分方法有类比经验法、地形边界法、缓冲区法。

3.2.3　水域保护区划分方法

①类比经验法。

类比经验法是参考相关法规、文件规定、统计结果和管理者的实践经验，确定保护区范围的一种方法。采用该方法划定饮用水水源保护区，水源地须满足以下条件：水源地水质达标、主要污染类型为面源污染，且上游在 24 h 内无重大风险源。风险源分级方法参见《企业突发环境事件风险分级方法》（HJ 941—2018）。河流、湖库型饮用水水源地均可采用类比经验法划定其保护区的水域范围，有关要求见表 3-2。

表 3-2　类比经验法划定饮用水水源保护区水域范围的有关要求

水域类型	保护区级别	类比经验法划定水域范围要求	适用对象
河流	一级保护区	一般河流水源地，一级保护区水域长度为取水口上游不小于 1 000 m，下游不小于 100 m 范围内的河道水域。 潮汐河段水源地，一级保护区上、下游两侧范围相当，其单侧范围不小于 1 000 m。 一级保护区水域宽度为多年平均水位对应的高程线下的水域。枯水期水面宽度不小于 500 m 的通航河道，水域宽度为取水口侧的航道边界线到岸边的范围；枯水期水面宽度小于 500 m 的通航河道，一级保护区水域为除航道外的整个河道范围；非通航河道为整个河道范围	—
	二级保护区	二级保护区长度从一级保护区的上游边界向上游（包括汇入的上游支流）延伸不小于 2 000 m，下游侧的外边界距一级保护区边界不小于 200 m。 二级保护区水域宽度为多年平均水位对应的高程线下的水域。有防洪堤的河段，二级保护区的水域宽度为防洪堤内的水域。枯水期水面宽度不小于 500 m 的通航河道，水域宽度为取水口侧航道边界线到岸边的水域范围；枯水期水面宽度小于 500 m 的通航河道，二级保护区水域为除航道外的整个河道范围；非通航河道为整个河道范围	适用于非潮汐河段水源地
湖库	一级保护区	小型水库和单一供水功能的湖泊、水库应将多年平均水位对应的高程线以下的全部水域划为一级保护区。 小型湖泊、中型水库保护区范围为取水口半径不小于 300 m 范围内的区域。 大中型湖泊、大型水库保护区范围为取水口半径不小于 500 m 范围内的区域	—
	二级保护区	小型湖泊、中小型水库一级保护区边界外的水域面积设定为二级保护区。 大中型湖泊、大型水库以一级保护区外径向距离不小于 2 000 m 区域为二级保护区水域面积，但不超过水域范围。 二级保护区上游侧边界现状水质浓度水平满足《地表水环境质量标准》（GB 3838—2002）规定的一级保护区水质标准要求的水源，其二级保护区水域长度不小于 2 000 m，但不超过水域范围	—

②应急响应时间法。

应急响应时间法是在应急响应时间内将污染物到取水口的流程距离作为保护

区划分长度的一种计算方法。该方法适用于河流型水源地、湖库型水源地入湖（库）支流水域保护区的划分。保护区上边界水域距离的计算公式为

$$S=\sum_{i=1}^{k}T_i\times V_i \tag{3-1}$$

式中，S——保护区水域长度，m；

T_i——从取水口向上游推算第 i 河段污染物迁移的时间，s；

V_i——第 i 河段平水期多年平均径流量下的流速，m/s。

当饮用水水源地上游点源污染风险较高，或主要污染物为重金属、有毒有机物等时，应采用应急响应时间法确定其保护区水域的长度。应急响应时间的长短应根据当地应对突发环境事件的能力确定，一般不小于 2 h，其计算公式为

$$T=T_0+\sum_{i=1}^{k}T_i \tag{3-2}$$

式中，T——应急响应时间，s；

T_0——污染物流入最近河流的时间，s。

应急响应时间法划定饮用水水源保护区水域范围的有关要求见表 3-3。

表 3-3　应急响应时间法划定饮用水水源保护区水域范围的有关要求

水域类型	保护区级别	应急响应时间法划定水域范围要求
河流	一级保护区	—
	二级保护区	应急响应时间法所确定的二级保护区范围不得小于类比经验法确定的二级保护区范围
水库	一级保护区	—
	二级保护区	应急响应时间法所确定的二级保护区范围不得小于类比经验法确定的二级保护区范围

③数值模型计算法。

数值模型计算法是通过计算主要污染物浓度衰减到目标水质所需要的距离来确定保护区划分范围的一种方法。当饮用水水源地上游污染源以城镇生活、面源

为主，且主要污染物属可降解物质时，可采用数值模型计算法确定保护区划分范围，有关要求见表 3-4，保护区水域范围应大于污染物从现状浓度水平衰减到《地表水环境质量标准》（GB 3838—2002）相关水质标准浓度所需的距离。

表 3-4 数值模型计算法划定饮用水水源保护区水域范围的有关要求

水域类型	保护区级别	数值模型计算法划定水域范围要求
河流	一级保护区	—
	二级保护区	数值模型计算法确定的二级保护区范围不得小于类比经验法确定的二级保护区范围，且二级保护区边界控制断面水质不得发生退化。 潮汐河段水源地，二级保护区宜采用数值模型计算法划定，按照下游污水团对取水口影响的频率设计要求，计算确定二级保护区下游侧的外边界
水库	一级保护区	—
	二级保护区	数值模型计算法确定的二级保护区范围不得小于类比经验法确定的二级保护区范围，且二级保护区边界控制断面水质不得发生退化

3.2.4 陆域保护区划分方法

①类比经验法。

河流、湖库型水源地均可采用类比经验法确定其陆域保护区范围，有关要求见表 3-5。

表 3-5 类比经验法划定饮用水水源保护区陆域范围的有关要求

水域类型	保护区级别	类比经验法划定陆域范围要求
河流	一级保护区	陆域沿岸长度不小于相应的一级保护区水域长度。 陆域沿岸纵深与一级保护区水域边界的距离一般≥50 m，但不超过流域分水岭范围。对于有防洪堤坝的，可以防洪堤坝为界，并采取措施防止污染物进入保护区内
	二级保护区	二级保护区陆域沿岸长度不小于二级保护区水域长度。 二级保护区陆域沿岸纵深范围一般≥1 000 m，但不超过流域分水岭范围。对于流域面积＜100 km^2 的小型流域，二级保护区可以是整个集水范围。对于有防洪堤坝的，可以防洪堤坝为界，并采取措施防止污染物进入保护区内

水域类型	保护区级别	类比经验法划定陆域范围要求
水库	一级保护区	小型和单一供水功能的湖泊、水库以及中小型水库为一级保护区水域外≥200 m 范围内的陆域，或一定高程线以下的陆域，但不超过流域分水岭范围。 大中型湖泊、大型水库为一级保护区水域外≥200 m 范围内的陆域，但不超过流域分水岭。 对于有防洪堤坝的，可以防洪堤坝为界，并采取措施防止污染物进入保护区内
水库	二级保护区	小型水库可将上游整个流域（一级保护区陆域外区域）设定为二级保护区。 单一功能的湖泊、水库、小型湖泊和平原型中型水库的二级保护区是一级保护区以外水平距离≥2 000 m 的区域，山区型中型水库二级保护区范围为水库周边山脊线以内（一级保护区以外）及入库河流上溯≥3 000 m 的汇水区域。二级保护区陆域边界不超过相应的流域分水岭。 大中型湖泊、大型水库可以划分一级保护区外径向距离≥3 000 m 的区域为二级保护区范围，二级保护区陆域边界不超过相应的流域分水岭

②地形边界法。

地形边界法是以水源地周边山脊线、分水岭作为各级保护区边界的方法。对于集雨区内山地较多的水源地，其周边山体海拔最高点沿山脊连成的线可作为饮用水水源保护区划定的界线，其中，第一重山脊线可作为一级保护区边界，第二重山脊线可作为二级保护区边界。分水岭是指集水区域的边界，可作为一级、二级或准保护区的边界。该方法强调对流域整体的保护，适用于周边土地开发利用程度较低的地表水饮用水水源地，有关要求见表 3-6。

表 3-6　地形边界法划定饮用水水源保护区陆域范围的有关要求

水域类型	保护区级别	地形边界法划定陆域范围要求
河流	一级保护区	一级保护区陆域范围不超过流域分水岭
	二级保护区	当面源污染源为主要水质影响因素时，二级保护区沿岸纵深范围主要依据自然地理、环境特征和环境管理的需要，通过分析地形、植被、土地利用、地面径流的集水汇流特征、集水域范围等确定

水域类型	保护区级别	地形边界法划定陆域范围要求
水库	一级保护区	采用地形边界法确定湖库型水源地一级保护区陆域范围。比如，对于集雨区内多山的水源地，其一级保护区陆域边界可为第一山脊线。 一级保护区陆域范围不超过流域分水岭
	二级保护区	当面源为主要污染源时，二级保护区陆域沿岸纵深范围主要依据自然地理、环境特征和环境管理的需要，通过分析地形、植被、土地利用、森林开发、流域汇流特性、集水域范围等确定。二级保护区陆域范围不超过相应的流域分水岭

③缓冲区法。

缓冲区法是指通过划定一定范围的陆域，利用土壤透析作用拦截地表径流挟带的污染物，降低地表径流污染对饮用水水源地的不利影响，从而确定保护区边界的方法。缓冲区宽度确定考虑的因素包括地形地貌、土地利用、受保护水体规模等。

3.3 深圳市饮用水水源保护区划定及优化调整情况

3.3.1 饮用水水源保护区划定历史沿革

深圳市饮用水水源保护区首次划定于1992年，先后于1995年、2000年、2006年、2015年和2018年经历了5次全市范围的整体优化调整。

1992年，深圳市人民政府发布《深圳市饮用水水源保护区管理规定》（深府函〔1992〕54号），首次划定饮用水水源保护区。根据该规定，本次共划定了6个饮用水保护区，分别为深圳水库—东深供水渠水源保护区、铁岗水库水源保护区、石岩水库水源保护区、西丽—长岭皮—石塘坑水库水源保护区、观澜河流域水源保护区、茅洲河流域饮用水水源保护区，保护区总面积为504.43 km^2，其中一级保护区面积为37.21 km^2，二级保护区面积为228.08 km^2，准保护区面积为239.14 km^2。

1995年，深圳市颁布实施《深圳经济特区饮用水水源保护条例》，为配合该条例实施，同年，深圳市人民政府发布《关于重新划分深圳市饮用水水源保护区的通知》（深府〔1995〕196号），对全市主要饮用水水源地的水源保护区进行了重新划分。本次划分的饮用水水源保护区增加至24个，保护区总面积为565.98 km^2，其中，一级保护区面积为83.86 km^2，二级保护区面积为235.64 km^2，准保护区面积为246.48 km^2。

2000年，深圳市再次对全市饮用水水源保护区划分方案进行了优化调整，并首次由广东省人民政府批准。根据《广东省人民政府关于深圳市生活饮用水地表水源保护区划分方案的批复》（粤府函〔2000〕131号），本次优化调整后全市共划分饮用水水源保护区27个，总面积为594.70 km^2。其中，一级保护区面积为129.26 km^2，二级保护区面积为247.07 km^2，准保护区面积为218.37 km^2。

2006年，为适应社会经济发展，基于部分水源保护区水体功能的改变以及市政干线道路网规划与水源保护区管理条例法规上的冲突，深圳市再次对全市饮用水水源保护区进行了优化调整。根据《广东省人民政府关于同意深圳市调整部分生活饮用水地表水源保护区的批复》（粤府函〔2006〕188号），本次仍保留饮用水水源保护区27个，总面积为594.20 km^2，其中，一级保护区面积为117.73 km^2，二级保护区面积为258.10 km^2，准保护区面积为218.37 km^2。

2015年，考虑“十二五”期间将继续推进公明供水调蓄工程、清林径引水调蓄工程，以及部分供水水库的扩容建设工程，为了确保饮用水水源保护区区划的合理性，深圳市再次对饮用水水源保护区进行了优化调整。根据《广东省人民政府关于调整深圳市饮用水水源保护区的批复》（粤府函〔2015〕93号），本轮调整后将饮用水水源保护区增加至31个，总面积为393.76 km^2，其中，一级保护区面积为141.90 km^2，二级保护区面积为212.38 km^2，准保护区面积为39.48 km^2。

2018年，为适应全市供水格局变化，深圳市启动全市饮用水水源保护区优化调整工作。本次优化调整围绕“供水更安全、水质更优良、保护更严格”的目标，严格按照“生态优先、保护为主、水质为重”的理念，坚守“双水源、双安全”“高标准、严管理”以及防洪排涝底线，同步解决历史遗留问题，提升区域水源安全及水质保障水平。本次优化调整涉及因供水规划修编取消的饮用水水源保护区，因实施水质保障工程、重大线性工程优化调整饮用水水源保护区等，调整后的水源保护区数量减少至26个，总面积为361.60 km^2，其中，一级保护区面积为115.91 km^2，二级保护区面积为134.49 km^2，准保护区面积为111.20 km^2。深圳市饮用水水源保护区历史划分情况见表3-7。

表 3-7 深圳市饮用水水源保护区历史划分情况

年份	饮用水水源保护区数量/个	面积/km^2		
		一级保护区	二级保护区	准保护区
1992	6	37.21	228.08	239.14
1995	24	83.86	235.64	246.48
2000	27	129.26	247.07	218.37
2006	27	117.73	258.10	218.37
2015	31	141.90	212.38	39.48
2018	26	115.91	134.49	111.20

3.3.2 饮用水水源保护区划定及优化调整的情形

为进一步深化“放管服”改革，支持深圳建设中国特色社会主义先行示范区，2021 年广东省人民政府决定将一批省级行政职权事项调整由深圳市实施，其中，包括饮用水水源保护区划定方案批准事项。为响应《广东省人民政府关于将一批省级行政职权事项调整由广州、深圳市实施的决定》（广东省人民政府令第 281 号），承接好省政府下放的饮用水水源保护区划定方案的批准事项，深圳市人民政府印发实施《深圳市人民政府关于规范饮用水水源保护区划定和优化调整工作的通知》（深府〔2021〕46 号），对饮用水水源保护区划定及优化调整的情形、原则、程序以及管理要求等进行了规范。

深圳市饮用水水源保护区划定和优化调整共分为新增划定饮用水水源保护区、因供水格局优化而实施水源（供水）保障等工程取消饮用水水源保护区、因水质保障工程实施而调整饮用水水源保护区、因国家/省重大线性工程实施而调整饮用水水源保护区、因汇水范围变化而校核饮用水水源保护区 5 种情形，其分类及要求见表 3-8。其中，新增划定饮用水水源保护区主要针对在用、备用或规划的水源地，这类水源地应在参与供水前申请划定饮用水水源保护区。因供水格局优化而实施水源（供水）保障等工程取消的饮用水水源保护区主要针对供水规划中明确取消供水功能的水源地，该情形以供水规划为依据，同时，应确保其对应水厂或供水服务片区仍具备“双水源”保障能力，必要时应实施水源（供水）保障工程，以保障供水安全。因水质保障工程实施而调整饮用水水源保护区是以解决保护区内现状环境问题为目标，同时实现饮用水水源保护区优化调整的一种情形，这种情形主要针对保护区内高度城市化区域或难以通过治污方式妥善解决的重大环境问题而必须采取的措施。因国家/省重大线性工程而调整饮用水水源保护区是以妥善解决涉及饮用水水源一级保护区的铁路、高速公路等重大线性工程用地合法性问题为目标，而对饮用水水源保护区实施优化调整的一种情形，这种情形应尽可能优化线性工程用地方案，最大限度地降低其对水源保护区的环境影响。因汇水范围变化而校核饮用水水源保护区则是依据《饮用水水源保护区划分技术规范》（HJ 338—2018）中地表水饮用水水源一级保护区、二级保护区陆域范围“不超过流域分水岭”的要求，基于流域汇水现状，对流域分水岭与饮用水水源保护区范围不相符的保护区实施校核，确保保护区范围精准、科学地划分。

表 3-8 深圳市饮用水水源保护区划定及优化调整情形

序号	划定及优化调整情形	分类	要求
1	新增划定饮用水水源保护区	划定	在用、备用或规划的水源地应在其供水前申请划定饮用水水源保护区
2	因供水格局优化而实施水源（供水）保障等工程取消饮用水水源保护区	优化调整	针对供水规划明确取消供水功能的水源地，且应保障其对应水厂或服务片区仍具备“双水源”保障能力，必要时应实施水源（供水）保障工程
3	因水质保障工程实施而调整饮用水水源保护区		水质保障工程的实施必须以解决现状存在的环境问题为前提，且主要针对保护区内高度城市化区域或难以通过治污措施妥善解决的重大环境问题而必须采取的措施
4	因国家/省重大线性工程实施而调整饮用水水源保护区		针对项目选址确实无法避绕饮用水水源保护区的国家、省级重大线性工程项目，需对项目选址的唯一性进行充分论证，并由线性工程主管部门出具唯一性论证意见
5	因汇水范围变化而校核饮用水水源保护区		基于地形勘测结果，依据《饮用水水源保护区划分技术规范》（HJ 338—2018）的有关要求，对保护区范围实施校核

3.3.3 饮用水水源保护区划定及优化调整工作流程

按照工作开展的先后顺序，深圳市饮用水水源保护区的新增划定工作流程可分为“提出方案、审查上报和方案批准”3 个阶段。对于优化调整的 4 种情形，因国家/省重大线性工程实施和因汇水范围变化而优化调整饮用水水源保护区的工作流程与新增划定一致，均分为“提出方案、审查上报和方案批准”3 个阶段；考虑饮用水水源保护区优化调整方案的生效基于当前实际，而水源（供水）保障工程、水质保障工程在报批阶段大多处于规划或正在实施阶段，其对应的水源保护区优化调整方案尚不满足生效条件。因此，因供水格局优化而实施水源（供水）保障等工程取消的饮用水水源保护区和因水质保障工程实施而调整饮用水水源保护区的工作流程在新增划定的基础上增加了“验收核准”程序，如图 3-1 所示。

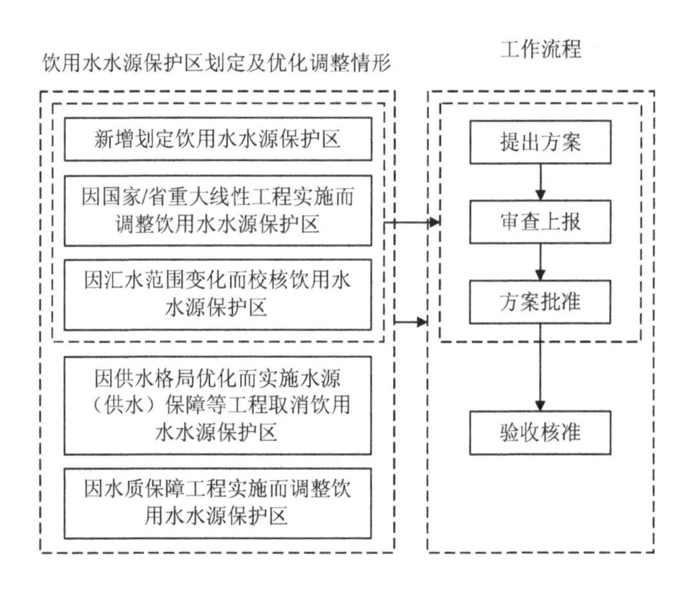

图 3-1 深圳市饮用水水源保护区划定及优化调整工作流程

3.3.4 饮用水水源保护区优化调整的工程措施

实施水源地水质保障工程。水质保障工程的建设是深圳市率先提出的饮用水水源创新性举措，通过“物理隔离”和“分类使用”，按照 50 年一遇的截排标准，高质量推动饮用水水源保护区的水质保障工程建设，进一步削减入库污染，促进水库周边片区经济生态效益“双提升”。深圳市人民政府高位推动，发布了《关于深圳市饮用水水源保护区优化调整事宜的通知》（深府函〔2019〕258 号），明确各项水质保障工程实施计划，并连续 3 年将水质保障工程纳入市水污染治理建设计划和治污保洁工程任务两个市级考核平台，压实主体责任，严格考核制度；生态环境部门定期巡查、全程跟进，编制“一工程一档案”的动态档案和简报及工程图集，每月向工程责任单位通报工程进展，推动水质保障工程建设。水质保障工程的实施带来的水质改善，为片区的饮用水安全和高质量发展提供了夯实的生态环境基础。以总磷入库污染负荷为例，西丽水库本地入库污染负荷由 2019 年的 19%降至 2021 年的 4%，铁岗水库本地入库污染负荷由 2019 年的 37%降至 2021 年的 19%，石岩水库本地入库污染负荷由 2019 年的 37%降至 2021 年的 4%。

（1）水源（供水）保障工程

取消饮用水水源保护区需以取消供水功能为前提，并在停止供水目标达成后，取消方案方可生效。为避免受水片区在水源地停止供水后的供水保障能力出现下降，水务部门须采取水资源优化配置、清水调度等措施来保障“双水源”目标。对于通过现状设施难以实现“双水源”目标的，须实施相应水源（供水）保障工程，以保障区域饮用水水源（自来水）的供给。

①工程目标。

水源（供水）保障工程的实施是以保障区域饮用水水源水资源量或自来水供水量满足正常及应急工况下的需水量为目标，通过新建、扩建原水管网或清水管网，实现区域水资源优化配置或自来水转供，满足拟取消供水功能水源地原服务片区的用水需求。

②工作思路。

根据水源地停止供水后的原水或供水缺口，明确其水量转输目标，然后基于水量转输需求，结合周边水源地水量的保障能力、水厂与水源距离、高程等因素明确转供途径，分析原水及自来水转输的可行性，并制定针对原水或自来水转输的管网完善及转输方案，通过实施水源（供水）保障工程，进一步提升区域供水保障水平。水源（供水）保障工程工作思路见图 3-2。

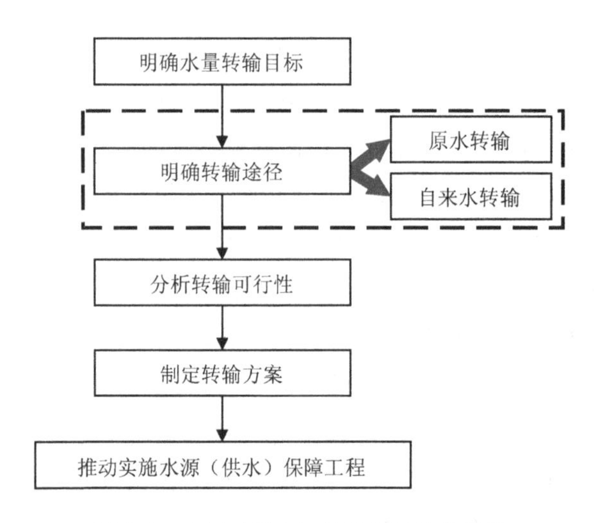

图 3-2 水源（供水）保障工程工作思路

（2）水质保障工程

①工程目标。

针对饮用水水源保护区内集中分布的污染源，在既有措施无法保障汇入水源地水质的情况下，通过物理隔离的方式，对受污染地表径流进行收集、净化处理达到相关标准后，外排至水源地流域范围外，确保汇入水源地的水质可达到地表水III类标准。

②工程思路。

根据污染源分布特征，将饮用水水源地集雨范围分为生态区及截排区（存在集中分布的污染源，既有措施无法保障汇入水源地的水质）。按照物尽其用的原则，利用现有或新建沟渠、管网、隧洞等设施，以及一定的截排规模，将截排区域内地表径流及生态区清洁雨水剥离。其中，截排区域内产生的不符合饮用水水源地水质要求的水，经调蓄净化处理达标，外排至水源地流域范围外；截排区域内产生的符合水源地水质要求的后期雨水以及生态区清洁雨水则汇入水源地，作为其清洁水资源的补充。

对于截排区域内产生的地表径流，以是否满足流域外受纳水体、水源地水质为标准，按照降雨过程可将其分为初期雨水、中期雨水及后期雨水。其中，受雨水冲刷作用，初期雨水的污染物浓度较高、水质较差，其水质不满足流域外受纳水体水质的要求，因此，在外排前对其进行净化处理，以确保排放至流域外的水体水质符合受纳水体的水质目标要求。由于大部分污染物被初期雨水裹挟带走，中期雨水水质较初期雨水有所改善，其水质可满足流域外受纳水体水质要求，但仍未达到水源地补水水质要求，因此，这部分地表径流可直接外排至流域外受纳水体作为生态景观用水。后期雨水是指水质可稳定达到地表水III类标准的地表径流，这部分地表径流可直接汇入水源地，作为水源地清洁水资源补充。

对于收集、截排标准，初期雨水的收集标准可根据污染源、降雨特征等，需基于水质模型预测成果，确定其合适的收集标准。由于后期雨水将直接汇入水源地作为清洁水资源补充，因而，中期雨水的截排标准应提供一定的冗余，以确保后期雨水可稳定达到地表水III类标准。按照深圳市水质保障工程工作经验，中期雨水的截排标准可参照当地防洪标准。水质保障工程思路见图3-3。

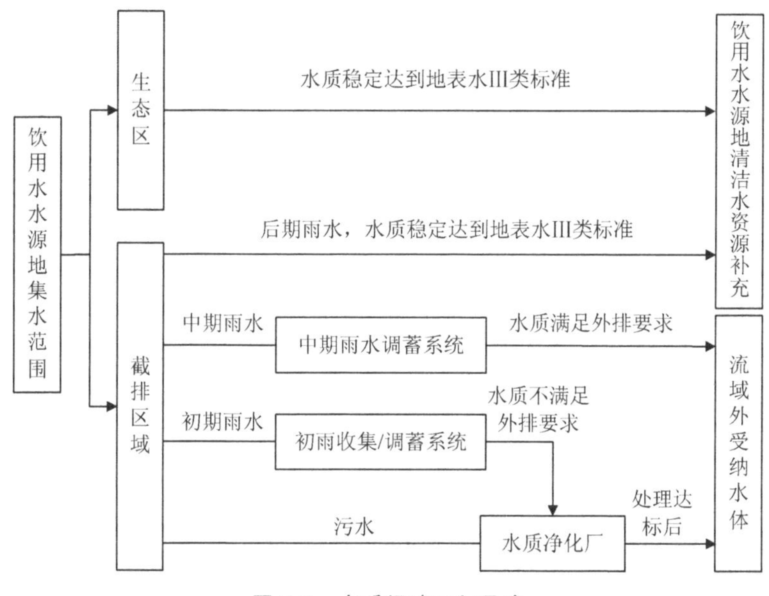

图3-3　水质保障工程思路

3.4　实践与经验

3.4.1　水源保护区优化机制

随着社会经济的发展及水源保护政策的日益趋严，经济发达城市的饮用水水源保护区既不宜频繁调整，也难以做到一成不变，因此，科学合理的水源保护区优化机制对于协调水源保护与区域发展之间的关系具有重要意义。为承接好省政府下放的水源保护区划定方案批准事项，深圳市人民政府于2021年印发实施《深圳市人民政府关于规范饮用水水源保护区划定和优化调整工作的通知》（深府〔2021〕46号），对饮用水水源保护区划定和优化调整的原则、流程及工作要求等进行了规范。

（1）工作原则

参照《广东省环境保护厅关于加强和规范饮用水水源保护区划定和优化调整工作的通知》（粤环函〔2018〕672号）有关精神，结合深圳市“都市型”水源地特点，深圳市提出了饮用水水源保护区的调整工作应遵循水质保障、区域统筹、科学规范和严格控制4项原则。

“水质保障”原则明确了饮用水水源保护区在优化调整后应确保保护力度不减、生态环境质量不降的基本原则；针对因水质保障工程调整情形，参照有关工作经验，规定了水质保障工程应按照50年一遇的防洪标准对拟调出区域雨、洪水进行截排；针对取消饮用水水源保护区的情形，明确了要实施“双水源”保障工程等，确保供水安全。

“区域统筹”原则提出了饮用水水源保护区的优化调整应统筹区域各项规划，避免因项目建设而调整饮用水水源保护区；另外，明确了需要划定和优化调整方案的主体。

“科学规范”原则明确了饮用水水源保护区划定和优化调整应严格依据相关技术规范有关规定，强调对供水格局、改变汇水条件的情形应进行深入研究、严格把控，确保饮用水水源保护区划的科学性、规范性。

“严格控制”原则要求严格控制饮用水水源保护区优化调整的频率，明确了因供水规划调整、水质保障工程或重大线性工程实施等原因而优化调整饮用水水源保护区的，需作为重大行政决策事项报市政府同意后方可启动调整工作。对于新纳入供水规划的水库，应在水库实际参与供水前申请划定饮用水水源保护区。

（2）工作流程

在饮用水水源保护区划定及优化调整工作流程方面，深圳市建立了包括提出方案、审查上报、方案批准等流程的多环节把关、多部门审查、层层递进的工作机制，既避免了烦琐冗余的审查审批程序，又有效地保障了饮用水水源保护区划定及优化调整方案的科学性、合理性。在提出方案阶段，除组织编制饮用水水源保护区划定或优化调整技术材料外，有关单位还应组织听证，社会公众及利益相关方均可通过该环节表达个人及群体意见，保障公众参与饮用水水源保护区划定及优化调整事项的各项权利，降低后续可能引起的纠纷及受质疑风险。在审查上报阶段，生态环境部门会同水务部门组织环境、水务领域专家对饮用水水源保护区划定或优化调整方案、工程设计方案等进行技术审查，确保饮用水水源保护区方案符合技术规范要求；同时要求在饮用水水源保护区方案提请市政府审议前，开展市内相关部门意见的征集工作，以尽可能地降低饮用水水源保护区的划定或优化调整对相关行业的影响。

（3）工作要求

在调整频次方面，深圳市规定同一饮用水水源保护区须一次性调整、整体生效，3 年内不再调整。考虑市政管网的建设可能改变流域汇水特征，市生态环境局每 3 年对饮用水水源保护区汇水范围开展校核工作。

对于取消饮用水水源保护区的水库，取消供水功能后仍应全部作为生态景观型水库，按原水质目标管理，确保水面面积不减少、水质不下降；对于因水质保障工程实施而调整的饮用水水源保护区，通过水质保障工程措施调出饮用水水源保护区的区域，调出地块原则上按准保护区的要求进行管理；对于因重大线性工程实施而调整的饮用水水源保护区，在线性工程竣工后，相关行业主管部门应对穿越饮用水水源保护区的工程所涉及的生态环境应急防护措施进行验收。

3.4.2　水质保障工程建设

深圳市 85%以上的水资源依赖境外引入，且饮用水水源地大多被城市建成区包围，为典型的“都市型”“水缸型”水源地。对于这类水源地，虽然本地自产水量较少，但由于污染源相对集中，降水期间的面源污染在短时间内的集中输入是导致水质不稳定的重要因素之一，因此，需针对水源地流域范围内的面源污染采取相应措施。由于面源污染产生源头（建成区）涉及人民群众切身利益，难以通过取缔、清拆复绿等手段彻底整治，因而针对建成区产生的受污染地表径流采取的措施大多侧重污染治理，即通过水质净化设施削减污染物，减少入库污染负荷。然而，这种治污手段对于面源污染的防控仍存在一些不足，主要体现在：①面源污染主要通过降雨期间产生的地表径流在短时间内集中输入，而非降雨条件下几乎无受污染径流产生，因此，面源污染的输入存在明显的不规律特征，水质、水量随降水存在较大波动，而现有的治理措施更适合水质、水量稳定的应用场景；②受污染地表径流经处理，虽能达到地表水Ⅲ类标准，但部分未纳入评价指标的污染物（如总氮、粪大肠菌群等指标，甚至抗生素类等新污染物）仍可能高于区域水环境背景值，作为饮用水水源地清洁水资源补充仍存在一定风险。因此，为最大化降低流域面源污染风险，依据物尽其用的原则，可针对面源污染源头实施水质保障工程，通过治污、截污相结合的方式对面源污染进行削减后，转输至流域外作为生态景观用水。

水质保障工程是一项以截排为主、治污为辅的综合治理工程，适用于集雨区内城市化率较高或存在历史遗留问题难以处置的饮用水水源地。一方面，这类水质保障工程以截污、治污为重点，兼顾改变区域汇水特征，有较大的资金投入需求。以深圳市为例，水质保障工程构建的沟隧—调蓄—净化复合设施体系在实现截污治污目标的同时重塑区域汇水特征，为科学调整水源保护区边界、化解历史遗留问题提供了事实基础；另一方面，水质保障工程的实施需以保障水源地水质为目标，针对现状存在的问题而开展，因而更适合集雨区内城市化率较高的水源地。

3.5 小结

深圳市饮用水水源保护区划定和优化调整共分为新增划定饮用水水源保护区、因供水格局优化而实施水源（供水）保障等工程而取消饮用水水源保护区、因水质保障工程实施而调整饮用水水源保护区、因国家/省重大线性工程实施而调整饮用水水源保护区、因汇水范围变化而校核饮用水水源保护区 5 种情形。新增划定工作流程可分为“提出方案、审查上报和方案批准”3 个阶段，因供水格局优化而实施水源（供水）保障等工程而取消饮用水水源保护区和因水质保障工程实施而调整饮用水水源保护区的工作流程在新增划定的基础上增加了“验收核准”程序。

深圳市在饮用水水源保护区优化调整过程中涉及的水源（供水）保障工程的实施是以保障区域饮用水水资源量或自来水供水量以满足正常及应急工况下的需水量为目标，通过新建、扩建原水管网或清水管网，实现区域水资源优化配置或自来水转供，满足拟取消供水功能水源地原服务片区的用水需求。

深圳市在饮用水水源保护区优化调整过程中涉及的水质保障工程主要针对饮用水水源保护区内集中分布的污染源，在既有措施无法保障汇入水源地水质的情况下，通过物理隔离的方式，对受污染地表径流进行收集、净化处理达到相关标准后，外排至水源地流域范围外，确保汇入水源地的水质可达到地表水III类标准。

在饮用水水源保护区优化机制方面，深圳市现已提出了水质保障、区域统筹、科学规范和严格控制 4 项原则，建立了包括提出方案、审查上报、方案批准等流程的多环节把关、多部门审查、层层递进的工作机制，明确了对不符合技术规范的饮用水水源保护区开展定期校核的工作要求；在水质保障工程方面，深圳市采取治污、截污相结合的方式对饮用水水源保护区内的面源污染进行综合整治，既保障了饮用水水源安全，又在一定程度上满足了流域外的生态景观用水需求，实现了水资源的合理利用，可为高强度开发城市的同类型水源地提供一定的经验借鉴。

第4章

饮用水水源地水质监测

水质监测是环境监测的重要组成部分，是环境保护的前提和基础性工作。水质监测对于保障饮水安全、评估水环境质量、预防水污染事件、支撑水资源的可持续利用、预警和决策等方面都具有极其重要的意义，而饮用水安全直接关系人民群众的身体健康和生命安全，是民生的重要保障。通过水质监测，可以及时发现饮用水中的有害物质和潜在风险，为政府和有关部门提供数据支持和决策依据，从而制定及时、科学、有效的治理和预防措施，切实保障人民群众的饮水安全。

4.1　常规监测

由于全市 85%以上的原水水源由东江调入，除对水库的监测外还包括对引水工程的常规监测，而重要的调蓄型水库如铁岗水库、石岩水库、西丽水库等大多被建成区包围，入库河流贯穿人类活动区域，因此，对入库河流的监测也纳入常规监测方案。

4.1.1　水库及引水工程常规监测

对 43 个饮用水水源地及连接的引水工程入水口和取水口开展水质常规监测，其中，深圳水库分别在水库中、香港供水口、深圳供水口共设置 3 个采样点；西丽水库等 36 座水库分别在取水口、库中设置 2 个采样点；雁田水库等 6 座水库设置 1 个采样点，沙湾隧道出水口等 6 个引水工程沿线各设置 1 个采样点。43 个饮用水水源地及引水工程水质常规监测点位及监测指标如表 4-1 所示。

表 4-1　43 个饮用水水源地及引水工程水质常规监测点位及监测指标

序号	名称	监测点位	监测指标	监测频次
1	深圳水库	水库中、香港供水口、深圳供水口	①《地表水环境质量标准》表 1 中 24 项，表 2 中 5 项，表 3 中 33 项（三氯甲烷、四氯化碳、三氯乙烯、四氯乙烯、甲醛、苯、甲苯、乙苯、二甲苯、苯乙烯、异丙苯、氯苯、1,2-二氯苯、1,4 二氯苯、三氯苯、硝基苯、二硝基苯、硝基氯苯、邻苯二甲酸二（2-乙基己基）酯、滴滴涕、林丹、阿特拉津、苯并[a]芘、钼、钴、铍、硼、锑、镍、钡、钒、铊）电导率、叶绿素 a、蓝绿藻密度、气温、气压、风向、风速；	每月 1 次
2	西丽水库	水库中、取水口		
3	梅林水库	水库中、取水口		
4	铁岗水库	水库中、取水口		
5	石岩水库	水库中、取水口		
6	罗田水库	水库中、取水口		
7	清林径水库	水库中、取水口		
8	赤坳水库	水库中、取水口		
9	松子坑水库	水库中、取水口		

序号	名称	监测点位	监测指标	监测频次
10	三洲田水库	水库中、取水口	②长岭皮水库每季度加测碘化物； ③3 月和 7 月全分析 109 项； ④序号 18～29 水库仅监测《地表水环境质量标准》表 1 中 24 项 （处于建设或修缮阶段，待完工后按规定开展监测）	每月 1 次
11	径心水库	水库中、取水口		
12	枫木浪水库	水库中、取水口		
13	铜锣径水库	水库中、取水口		
14	长岭皮水库	水库中、取水口		
15	茜坑水库	水库中、取水口		
16	公明水库	水库中、取水口		
17	鹅颈水库	水库中、取水口		
18	龙口水库	水库中、取水口		
19	红花岭上库	水库中、取水口		
20	红花岭下库	水库中、取水口		
21	上洞坳	水库中、取水口		
22	罗屋田水库	水库中、取水口		
23	打马坜水库	水库中、取水口		
24	大坑水库	水库中、取水口		
25	岭澳水库	水库中、取水口		
26	香车水库	水库中、取水口		
27	东涌水库	水库中、取水口		
28	洞梓水库	水库中、取水口		
29	雁田水库	取水口		
30	下径水库	取水口	《地表水环境质量标准》表 1 中 24 项，表 2 中 5 项以及叶绿素 a、透明度。上半年开展 1 次 109 项全分析	
31	窑坡水库	取水口		
32	泗马岭水库	取水口		
33	小漠水库	取水口		
34	三角山水库	取水口		
35	大山陂水库	水库中、取水口	取水口监测《地表水环境质量标准》表 1 中 24 项，表 2 中 5 项以及叶绿素 a、透明度。上半年开展 1 次 109 项全分析。水库中测点仅监测《地表水环境质量标准》表 1 中 24 项	
36	矿山水库	水库中、取水口		
37	长流陂水库	水库中、取水口		
38	炳坑水库	水库中、取水口		
39	甘坑水库	水库中、取水口		
40	苗坑水库	水库中、取水口		
41	黄竹坑水库	水库中、取水口		
42	岗头水库	水库中、取水口		
43	白石塘水库	水库中、取水口		
44	东深供水	沙湾隧道出水口	《地表水环境质量标准》表 1 中 24 项，表 2 中 5 项以及叶绿素 a、透明度	
45	东深供水	西丽水库入水口		
46	东深供水	西丽水库去水口		
47	东深供水	石岩水库入水口		
48	东深供水	茜坑水库入水口		
49	东部供水	东部供水管道出水口		

4.1.2　入库河流常规监测

为充分掌握水源地入库河流水质状况，每季度开展 35 条入库河流监测，水源地入库河流常规清单见表 4-2，其中，第三季度分析指标为《地表水环境质量标准》（GB 3838—2002）中 109 项指标，其他季度分析指标为《地表水环境质量标准》（GB 3838—2002）表 1 中 24 项指标。此外，每月对 6 条水质较差入库河流开展分析指标为 DO、COD_{Cr}、氨氮、总磷、总氮、粪大肠杆菌 6 项监测。

表 4-2　水源地入库河流常规监测清单

序号	水库名称	入库河流
1	铁岗水库	牛城村水、塘头河、黄麻布河、九围河、料坑水(1)、长坑水、鸡啼径水(1)
2	石岩水库	上屋河、王家庄河、石岩河、运牛坑水(1)、白坑窝水、麻布水
3	西丽水库	大磡河、麻磡河、白芒河(1)
4	长岭皮水库	龙塘沟(1)
5	梅林水库	西库尾支流
6	深圳水库	沙湾河、落马石河、梧桐山河、仙湖水
7	铜锣径水库	响水河
8	雁田水库	白泥坑河、木古河、南坑水、排榜水
9	甘坑水库	甘坑河(1)
10	赤坳水库	金龟溪
11	东涌水库	东涌河
12	枫木浪水库	南支流、西支流
13	泗马岭水库	泗马岭水库北支
14	窑陂水库	窑陂水库北支
15	下径水库	下径水库东支

注：（1）为每月 1 测的入库河流。

4.2　补充监测

4.2.1　入库河流初期雨水监测

为充分掌握直接入库河流初期雨水水质情况，结合深圳市饮用水水源保护区内降雨情况，本项目对 17 条入库河流，22 个监测点位的初期雨水进行采样分析，每条河至少监测 3 次。每次采集的样品覆盖降雨过程的初期、中期和后期 3 个阶段，采样间隔时间约为 15 分钟，平均一次采集 10 个样品，每次监测间隔不少于 7 天。监测项目包括溶解氧、化学需氧量、氨氮、总磷、总氮、粪大肠菌群等主要水质指标，监测点位见表 4-3。

表 4-3　初期雨水监测河流

序号	水库名称	点位名称
1	赤坳水库	金龟河初雨点
2	雁田水库	南坑水初雨点
3		排榜水初雨点
4	甘坑水库	甘坑水初雨点
5	铜锣径水库	响水河初雨点
6	长岭陂水库	龙塘沟初雨点
7	西丽水库	白芒河出水口初雨点
8		白芒河进水口初雨点
9		麻墈河出水口初雨点
10		麻墈河进水口初雨点
11	石岩水库	运牛坑水出水口初雨点
12		运牛坑水进水口初雨点
13		麻布水初雨点
14	铁岗水库	黄麻布河进水口初雨点
15		黄麻布河出水口初雨点
16		料坑水初雨点
17		长坑水初雨点
18		塘坳水初雨点
19		牛城村水出水口初雨点
20		牛城村水进水口初雨点
21	深圳水库	落马石河初雨点
22		梧桐山河初雨点

4.2.2　入库河流暴雨溢流监测

为充分掌握旱季截排入库河流雨季溢流时的水质情况，项目组根据气象局的降雨预报，在降雨之前提前组织采样人员分别赴入库河流的截排闸或截排坝进行采样，并分别对入库河流开始发生溢流的前期、中期和后期 3 个阶段进行连续采样，每次采样时间间隔约 15 分钟，监测指标包括 COD_{Cr}、溶解氧、氨氮、总氮、总磷及粪大肠菌群等主要水质指标。共对 4 条河流开展暴雨溢流监测，暴雨溢流监测河流清单见表 4-4。

表 4-4　暴雨溢流监测河流清单

序号	水库名称	点位名称
1	深圳水库	沙湾河溢流点
2	铁岗水库	塘头河溢流点
3	西丽水库	大磡河溢流点
4	雁田水库	木古河溢流点

4.2.3　街道面源污染监测

初期雨水，顾名思义，是降雨初期时的雨水。城市初期雨水在降雨初期溶解了空气中的大量酸性气体、汽车尾气、工厂废气等污染性气体降落地面后，又由于冲刷沥青油毡屋面、沥青混凝土道路、雨污渠道中存积的污水、污泥及垃圾等，使雨水中含有大量的有机物、病原体、重金属、油脂、悬浮固体等污染物质。因此，初期雨水的污染程度较高，通常超过了普通的城市污水的污染程度。如果将初期雨水直接排入河道或者自然承受水体，将会对水体造成非常严重的污染，必须对初期雨水进行收集和处理。

根据土地利用情况，深圳市饮用水水源保护区内分布有建成区、园地、耕地、林地、水域及设施、草地等土地利用类型，土地利用较为复杂。面源污染与土地利用类型密切相关，根据保护区内不同土地利用类型分布情况，设置 12 个代表性监测点位，其中，建成区监测点位包括城中村（大望村）、交通道路（大望大道）、加油站（中国石油凯兴加油站）、汽修场所（钧豪汽车服务中心）、餐饮经营场所

（柯记餐厅）、农贸市场（兴万和广场）、工业区（王京坑工业区）、废品回收站（料坑废品回收站）、施工工地（白芒河工地）；非建成区监测点位包括菜地（铁岗水库）、林地（梧桐山）、果园（西丽果园）。监测项目包括化学需氧量、氨氮、总磷、总氮等主要水质指标。

为分析不同街道面源污染对入库河流的影响情况，结合饮用水水源保护区内各街道行政区划分情况，根据流域内径流汇水特点、地形地貌特征以及入库河流截排闸、人工湿地等工程设施的分布情况，开展水质监测工作。采样频次为旱季1次，雨季3次。监测项目包括溶解氧、化学需氧量、氨氮、总磷、总氮、粪大肠菌群等主要水质指标。

近年来，国内外对饮用水水源保护区的一些非常规污染物关注程度逐渐提高，因此，有必要开展深圳市饮用水水源保护区部分非常规污染物的超前调查摸底工作，以便为深圳市饮用水水质安全保障管理工作提供基础信息支持。

我国是抗生素使用大国，抗生素滥用情况较为突出。2014年年底，关于河流和自来水中“发现大量抗生素”的新闻突然席卷全国媒体，引发了公众对饮水安全的担忧。一些涉嫌污染的制药企业被曝光，人们对水质标准、排污标准的质疑也成为热点。近10年来，我国环保科研人员对环境中的抗生素已经进行了多方面的研究，并且取得了初步成果。

“水十条”、《深圳市贯彻国务院水污染防治行动计划实施治水提质行动方案》均提出要严格控制环境激素类化学品污染，要求在2017年年底前完成环境激素类化学品生成使用情况调查，监控评估水源地及农产品种植区的风险，实施环境激素类化学品淘汰、限制、替代等措施。2014年，市人居环境委员会委托清华大学深圳研究生院开展了《深圳市主要饮用水水源地环境激素污染状况调查、生态效应及防控技术研究》课题。

双酚A（BPA）是一种环境内分泌干扰物（EDCs），它除了具有雌激素效应外，还具有生殖毒性、神经毒性、发育毒性。双酚A是生产环氧树脂、聚碳酸酯和聚苯乙烯树脂的原料，也用于生产醇酸树脂稳定剂、杀菌剂、抗氧化剂、聚氯乙烯和染料等。聚碳酸酯和环氧树脂用在各种消费产品中，包括婴儿奶瓶、金属罐内衬、餐具、玩具、家用电子产品、汽车、建筑材料、医疗器械和牙密封剂等。双酚A是世界上最高产的化学品之一，2003年全球产量超过200万t，并且需求量每年增长6%～10%，增长最强劲的是亚洲，特别是中国，2001—2006年，亚洲市场中双酚 A 平均每年增长 13%，双酚 A 的大规模生产和广泛使用，导致大量双酚 A 排放到环境中，尤其是水环境中。

全氟化合物（PFCs）具有疏水疏油性等非常独特的物理化学性质，被广泛地应用于工业、商业和个人消费品中，如可用作疏水疏油抗污剂（地毯、纺织、室内装潢、皮革、纸质产品等）、阻燃剂（航空航天、消防）、表面活性剂（灭火泡沫、碱性清洁剂）、光致抗蚀剂（半导体工业）、电镀抗雾剂、相纸抗静电剂、涂料添加剂等。全氟辛酸（PFOA）和全氟辛烷磺酸盐（PFOS）等几乎不具有挥发性，所以，其在环境中的迁移转化规律引起了人们的广泛兴趣，这也是环境工作者当前面临的难题之一。同时，有报道称 PFOS 和 PFOA 等全氟类有机物具有致癌性，可以影响生物的细胞膜特性、过氧化物酶体增殖、内分泌功能、后天发育、生殖能力、脂类代谢和酶活性等，并可以导致生物体内的胆固醇水平、类固醇水平和线粒体生物能的改变等。

针对以上情况，根据已有的一些研究资料，本项目对深圳市已经划定的饮用水水源保护区 43 座饮用水水源水库开展了一次抗生素、雌激素、全氟化合物等非常规污染物的分布水平调查补充监测工作，补充监测指标见表 4-5。

表 4-5　补充监测指标

类别	指标
抗生素类	磺胺二甲嘧啶、磺胺甲噁唑、头孢呋辛、林可霉素、脱水红霉素
全氟化合物	PFHpA、PFOA、PFNA、PFOS
雌激素	BPA

4.3 水质分析及评价方法

4.3.1 水质分析方法

各监测指标采用的分析方法见表 4-6。

表 4-6 水质监测指标和分析方法

检测项目	方法依据	使用仪器
高锰酸盐指数	《水质　高锰酸盐指数的测定》（GB/T 11892—1989）	滴定管
化学需氧量	《水质　化学需氧量的测定　快速消解分光光度法》（HJ/T 399—2007）	紫外可见分光光度计
五日生化需氧量	《水质　五日生化需氧量的测定　稀释与接种法》（HJ 505—2009）	溶氧仪
氨氮	《水质　氨氮的测定　水杨酸分光光度法》（HJ 536—2009）	紫外可见分光光度计
总磷	《水质　总磷的测定　钼酸铵分光光度法》（GB/T 11893—1989）	紫外可见分光光度计
总氮	《水质　总氮的测定　碱性过硫酸钾消解紫外分光光度法》（HJ 636—2012）	紫外可见分光光度计
金属（铜、锌、铁、锰、硼、钡、镍、钴、钛）	《水质　32 种元素的测定　电感耦合等离子体发射光谱法》（HJ 776—2015）	电感耦合等离子体发射光谱仪
金属（硒、砷、镉、铅、钼、铊、钒、锑、铍）	《水质　65 种元素的测定　电感耦合等离子体质谱法》（HJ 700—2014）	电感耦合等离子体质谱仪
氟化物、硫酸盐、氯化物、硝酸盐	《水质　无机阴离子（F^-、Cl^-、NO_2^-、Br^-、NO_3^-、PO_4^{3-}、SO_3^{2-}、SO_4^{2-}）的测定　离子色谱法》（HJ 84—2016）	离子色谱仪
汞	《水质　总汞的测定　冷原子吸收分光光度法》（HJ 597—2011）	测汞仪
铬（六价）	《水质　六价铬的测定　二苯碳酰二肼分光光度法》（GB/T 7467—1987）	紫外可见分光光度计
氰化物	《水质　氰化物的测定　流动注射-分光光度法》（HJ 823—2017）	流动注射仪
挥发酚	《水质　挥发酚的测定　流动注射-4-氨基安替比林分光光度法》（HJ 825—2017）	流动注射仪
石油类	《水质　石油类的测定　紫外分光光度法》（HJ 970—2018）	紫外可见分光光度计
阴离子表面活性剂	《水质　阴离子表面活性剂的测定　流动注射-亚甲基蓝分光光度法》（HJ 826—2017）	流动注射仪
硫化物	《水质　硫化物的测定　亚甲基蓝分光光度法》（HJ 1226—2021）	紫外可见分光光度计
粪大肠菌群	《水质　总大肠菌群和粪大肠菌群的测定　纸片快速法》（HJ 755—2015）	生化培养箱
挥发性有机物	《水质　挥发性有机物的测定　吹扫捕集/气相色谱-质谱法》（HJ 639—2012）	吹扫捕集/气相色谱-质谱仪

检测项目	方法依据	使用仪器
甲醛	《水质　甲醛的测定　乙酰丙酮分光光度法》(HJ 601—2011)	紫外可见分光光光度计
丙烯醛、丙烯腈	实验室内部方法　吹扫捕集/气相色谱-质谱法	吹扫捕集/气相色谱-质谱仪
三氯乙醛	GB/T 5750.10—2023 中的 8.1　气相色谱法	气相色谱仪
硝基苯类	《水质　硝基苯类化合物的测定　液液萃取/固相萃取-气相色谱法》(HJ 648—2013)	气相色谱仪
氯苯类	《水质　氯苯类化合物的测定　气相色谱法》(HJ 621—2011)	气相色谱仪
酚类	《水质　酚类化合物的测定　液液萃取/气相色谱法》(HJ 676—2013)	气相色谱仪
苯胺、联苯胺、丙烯酰胺	实验室内部方法　三重四极杆液质联用法	三重四极杆液质联用仪
邻苯二甲酸二丁酯、邻苯二甲酸二（2-乙基己基）酯	气相色谱-质谱法，《水和废水监测分析方法》第四版　增补版（国家环保总局编，中国环境科学出版社出版，2002 年）第四篇　第四章　第七节（三）	气相色谱-质谱仪
水合肼	《水质　肼和甲基肼的测定　对二甲氨基苯甲醛分光光度法》(HJ 674—2013)	紫外可见分光光光度计
四乙基铅	《水质　四乙基铅的测定　顶空/气相色谱-质谱法》(HJ 959—2018)	气相色谱仪
吡啶	实验室内部方法　三重四极杆液质联用法	三重四极杆液质联用仪
松节油	《水质　松节油的测定　气相色谱法》(HJ 696—2014)	气相色谱仪
苦味酸	《气相色谱法　生活饮用水标准检验方法　有机物指标》(GB/T 5750.8—2023)	气相色谱仪
丁基黄原酸	实验室内部方法　三重四极杆液质联用法	三重四极杆液质联用仪
游离氯	《N,N-二乙基对苯二胺（DPD）分光光度法　生活饮用水标准检验方法　消毒剂指标》(GB/T 5750.11—2023)	紫外可见分光光光度计
P,P'-DDE，P,P'-DDD，O,P'-DDT，P,P'-DDT，林丹，环氧七氯	《水质　有机氯农药和氯苯类化合物的测定　气相色谱-质谱法》(HJ 699—2014)	气相色谱-质谱仪
对硫磷，甲基对硫磷，马拉硫磷，乐果，敌敌畏，敌百虫，内吸磷	《生活饮用水标准检验方法　农药指标》(GB/T 5750.9—2023）毛细管柱气相色谱法　4.2	气相色谱仪

检测项目	方法依据	使用仪器
百菌清，溴氰菊酯	《水质　百菌清和溴氰菊酯的测定　气相色谱法》（HJ 698—2014）	气相色谱仪
甲萘威，阿特拉津，微囊藻毒素-LR	实验室内部方法　三重四极杆液质联用法	三重四极杆液质联用仪
苯并[a]芘	实验室内部方法　气相色谱-质谱法	气相色谱-质谱仪
黄磷	《水质　黄磷的测定　气相色谱法》（HJ 701—2014）	气相色谱仪
多氯联苯：PCB28，PCB52，PCB101，PCB81，PCB77，PCB123，PCB118，PCB114，PCB138，PCB105，PCB153，PCB126，PCB167，PCB15，PCB157，PCB180，PCB169，PCB189	《水质　多氯联苯的测定　气相色谱-质谱法》（HJ 715—2014）	气相色谱-质谱仪

4.3.2　水质评价方法

（1）水质类别评价方法

参照环境保护部 2011 年 3 月颁布的《地表水环境质量评价方法》（试行），采用最大单因子评价方法进行水质类别判定，评价指标为《地表水环境质量标准》（GB 3838—2002）表 1 中除水温、总氮和粪大肠菌群外的 21 项指标，粪大肠菌群作为参考指标单独评价。

（2）水质指数

①单项指标的水质指数

用各项水质单项指标的浓度值除以该水质指标对应地表水III类水浓度标准限值计算单项指标的水质指数。单项指标的水质指数计算如式（4-1）所示：

$$\mathrm{CWQI}(i)=\frac{C(i)}{C_s(i)} \tag{4-1}$$

式中，$C(i)$——第 i 个水质指标的浓度值；

$C_s(i)$——第 i 个水质指标地表水III类水浓度标准限值；

$\mathrm{CWQI}(i)$——第 i 个水质指标的水质指数。

此外，溶解氧的计算如式（4-2）所示：

$$\mathrm{CWQI(DO)}=\frac{C_{\mathrm{s}}(\mathrm{DO})}{C(\mathrm{DO})} \tag{4-2}$$

式中，$C(\mathrm{DO})$——溶解氧的浓度值；

$C_{\mathrm{s}}(\mathrm{DO})$——溶解氧的地表水III类水浓度标准限值；

CWQI(DO)——溶解氧的水质指数。

pH 的计算如式（4-3）所示：

如果 pH≤7 时，计算公式为

$$\mathrm{CWQI(pH)}=\frac{7.0-\mathrm{pH}}{7.0-\mathrm{pH}_{\mathrm{sd}}} \tag{4-3}$$

如果 pH＞7 时，计算公式为

$$\mathrm{CWQI(pH)}=\frac{\mathrm{pH}-7.0}{\mathrm{pH}_{\mathrm{su}}-7.0} \tag{4-4}$$

式中，$\mathrm{pH}_{\mathrm{sd}}$——GB 3838—2002 中 pH 的下限值；

$\mathrm{pH}_{\mathrm{su}}$——GB 3838—2002 中 pH 的上限值；

CWQI(pH)——pH 的水质指数。

②河流水质指数

根据各单项指标的 CWQI，取其加和值即为河流的 CWQI，计算如式（4-5）所示：

$$\mathrm{CWQI}_{河流}=\sum_{i=1}^{n}\mathrm{CWQI}(i) \tag{4-5}$$

式中，$\mathrm{CWQI}_{河流}$——河流的水质指数；

CWQI(i)——第 i 个水质指标的水质指数；

n——水质指标个数。

（3）湖库水质指数

湖库的水质指数计算指标和方法与河流的计算方法一致，先计算出所有湖库监测点位各单项指标浓度的算术平均值和单项指标的水质指数，再综合出湖库的水质指数 $\mathrm{CWQI}_{湖库}$。低于检出限的项目，按照 1/2 检出限值参加计算各单项指标浓度的算术平均值。

另外，在计算单项指标的水质指数时，《地表水环境质量标准》（GB 3838—

2002）表 1 中总磷的III类水浓度标准限值与河流的不同，为 0.05 mg/L。水质参数的标准指数＞1，表明该水质参数超过了规定的水质标准限值，已不能满足水质功能要求。水质参数的标准指数越大，则水质超标越严重。

4.3.3 富营养化评价方法

对于湖库型水源地，根据《湖泊（水库）富营养化评价方法及分级技术规定》（中国环境监测总站），通过总磷（TP）、总氮（TN）、叶绿素 a（Chla）、高锰酸盐指数（COD_{Mn}）和透明度（SD）5 个项目计算综合营养状态指数（TLI），综合营养状态指数采用卡森指数方法，计算公式如式（4-6）所示：

$$\mathrm{TLI}(\Sigma)=\sum_{j=1}^{m}W_j\times\mathrm{TLI}(j) \tag{4-6}$$

式中，$\mathrm{TLI}(\Sigma)$——综合营养状态指数；

W_j——第 j 种参数的营养状态指数的相关权重；

$\mathrm{TLI}(j)$——代表第 j 种参数的营养状态指数。

以 Chla 作为基准参数，则第 j 种参数的归一化的相关权重计算公式为

$$W_j=\frac{r_{ij}^2}{\sum_{j=1}^{m}r_{ij}^2} \tag{4-7}$$

式中，r_{ij}——j 种参数与基准参数 Chla 的相关系数；

m_j——评价参数的个数。

中国湖泊（水库）的 Chla 与其他参数之间的相关关系 r_{ij} 及 r_{ij}^2 见表 4-7。

表 4-7 中国湖泊（水库）部分参数与 Chla 的相关关系 r_{ij} 及 r_{ij}^2 值

参数	TP	TN	COD_{Mn}	Chla	SD
r_{ij}	0.84	0.82	0.83	1	0.83
r_{ij}^2	0.705 6	0.672 4	0.688 9	1	0.688 9

单个项目营养状态指数计算公式如下：

$$\mathrm{TLI}(\mathrm{TP})=10(9.436+1.624\ln\mathrm{TP}) \tag{4-8}$$

$$TLI(TN)=10(5.453+1.694\ln TN) \tag{4-9}$$

$$TLI(COD_{Mn})=10(0.109+2.661\ln COD_{Mn}) \tag{4-10}$$

$$TLI(Chla)=10(2.5+1.086\ln Chla) \tag{4-11}$$

$$TLI(SD)=10(5.118-1.94\ln SD) \tag{4-12}$$

式中，Chla 单位为 mg/m^3，SD 单位为 m，其他项目单位为 mg/L。

采用 0～100 的一系列连续数字对湖泊（水库）营养状态进行分级，见表 4-8。

表 4-8　湖泊（水库）营养状态等级划分

营养状态等级	贫营养	中营养	富营养		
			轻度富营养	中度富营养	重度富营养
TLI（å）	TLI（å）＜30	30≤TLI（å）≤50	50＜TLI（å）≤60	60＜TLI（å）≤70	TLI（å）＞70

4.3.4　抗生素残留对生态及人体健康影响的风险评估方法

（1）饮用水水源地水体中抗生素的残留对水生生物的生态风险评估

由于水环境中抗生素的浓度较低，一般引起急性中毒的可能性较小，而通常研究更关注抗生素的慢性毒性效应。目前，关于抗生素引起慢性毒性效应的研究主要针对水体、底泥中的微生物、鱼类、底栖生物等进行。

具体实施方案采用生态风险商值法表征各抗生素残留的生态风险。将实际检测的环境暴露浓度与表征物质危害程度的毒性数据相比，计算风险商值，风险商=实际物质浓度/预测无影响浓度。

理论上，预测无影响浓度（PNEC）应建立在大量慢性毒性数据的基础上。然而，实际可获得的慢性毒性数据较为缺乏，故引入安全系数（表 4-9），实现不同毒性数据到 PNEC 的转化。各物质的毒性数据来源于美国国家环境保护局的 ECOTOX 数据库。根据欧盟关于风险评价的导则，以最小的半数有效浓度（EC_{50}）或最大的无观察效应浓度（NOEC）值作为 PNEC 的基础数据（PNEC=NOEC 或 EC_{50}/安全系数）。

表 4-9 不同条件下用于计算预测无影响浓度的安全系数

毒性数据类型	毒性实验类型和数据量	安全系数
I	存在针对至少 3 个营养级类别生物的最大无观察效应浓度数据（通常为鱼、水蚤或其他咸水代表生物以及藻类）	10
II	存在针对 2 个营养级类别生物的最大无观察效应浓度数据（鱼、水蚤或其他咸水代表生物以及藻类）	50
III	存在针对 1 个营养级类别生物的最大无观察效应浓度数据（鱼、水蚤或其他咸水代表生物）	100
IV	存在至少 1 个营养级类别的半数有效浓度数据	1 000

根据比值得出主要抗生素对微生物、藻类等的危害系数，危害系数＜1 则认为某种抗生素对水生态危害较小或无危害，危害系数＞1 则认为对水生态有潜在的危害。

（2）饮用水水源地水体中抗生素残留的健康风险评估

针对抗生素残留对人的健康风险研究，围绕饮用水摄入等暴露途径，计算水源水体中残留抗生素对儿童、成人的暴露量，利用毒理学文献中的抗生素日均可接受摄入量（ADI）的数据，结合国际上常用的蒙特卡罗模拟法，确定水源水体中残留抗生素对儿童、成人的健康风险。具体如下：

①暴露途径：水中化学污染物进入人体的暴露途径主要通过饮用水。

②暴露剂量计算：根据国际上常用的饮用水摄入暴露模型［式（4-13）］，确定饮用水水源地水体中抗生素残留对儿童、成人的暴露剂量（DoseA）。其中，IngRDW、kT 等参数通过查阅参考文献确定。

$$\text{DoseA}\ [\mu\text{g/（人·d）}] = \text{EC} \times \text{IngRDW} \times \text{kT} \qquad (4\text{-}13)$$

式中，EC——抗生素在水源水中的浓度水平，μg/L；

kT——抗生素经饮用水处理工艺后的剩余比例，%；

IngRDW——儿童、成人的日均饮用水摄入量，L/（人·d）。

③对抗生素的日均可接受摄入量的调研：通过文献得知，获得抗生素的日均可接受摄入量（ADI）。对于文献中未提供 ADI 值的抗生素，采用国际上常用 ADI 值估算公式［式（4-14）］，估算抗生素的 ADI 值。其中，POD 等参数通过查阅参考文献确定。

$$ADI_{[\mu g/(kg\cdot d)]}=\frac{1\,000\times POD_{[mg/(kg\cdot d)]}}{UF1\times UF2\times UF3\times UF4\times UF5} \tag{4-14}$$

式中，POD——对健康无影响的阈值，mg/（kg·d），通常采用抗生素在毒理学实验中的无影响浓度（NOEL）或最低有影响浓度（LOEL），UF1～UF5 的系数选择见表 4-10。

表 4-10　UF1～UF5 的系数选择

推论不确定性	不确定因素系数选择
LOEL 向 NOEL 转化带来的不确定性（UF1）	当没有 NOAEL 时取值 10
	当 LOAEL 为有效的疾病疗效时取值 3
	当 LOEL 为社会群体稳定的反应或者界限模糊的反应（e.g. LOEL 为 NOAEL）时取值 1
毒性试验暴露时间不同带来的不确定性系数（UF2）	当没有相关慢性毒性数据提供时取值 10
	当没有慢性毒性数据，但药代动力学或者药效学分析建议有一定的持久性或效应时取值 3
	当没有慢性毒性数据，但药代动力学或者药效学分析建议有一定的持久性和效应时取值 1
	当有足够的慢性毒性数据提供时取值 1
物种间差异带来的不确定性（UF3）	当没有人体数据提供，除非考虑在应用下时取值 10
	当人类和灵长类毒药物动力学数据相似时取值 3
	当由人类数据引出时取值 1
个体易感性差异带来的不确定性（UF4）	如果 NOAEL 来自成人或/和动物实验，没有多代的毒性研究时取值 10
	当效应是治疗剂量并且中间和最低程度的有效剂量有一定的差别时取值 3
	当采用调整过的 LOEL，NOEL 或者针对敏感人群的有效剂量时取值 3
	当有足够数据表示没有特别的敏感个体或者当采用 LOEL 或 NOEL 为特别的敏感人群时取值 1
数据质量可靠性带来的不确定性（UF5）	建议取值 10、3 或 1
	研究采用数量较少的动物或者组别时 UF＞1
	结果没有很好地描述或分析时 UF＞1
	数据要求逐步外推与暴露条件相关（UF＜1 或 UF＞1 取决于相关的另外的定量途径）
	当阳性遗传毒性数据有用，但重要的专门的研究没有开展（e.g.生殖、致畸性、致癌性）时 UF＞1
	当没有类似化合物的数据减少（UF＜1）或增加（UF＞1）
	没有标准的实验设计（UF＞1 或 UF＜1 取决于研究的属性）
	深奥的或者极端的效果（UF＞1 或 UF＜1 取决于研究的属性）
	NOEL 是最高的检测剂量（可能 UF＜1）

注：LOAEL 为观察到损害作用的最低剂量；NOAEL 为未观察到损害作用的剂量；NOEL 为无影响浓度；LOEL 为最低有影响浓度。

④抗生素的健康风险计算：利用基于ADI值的风险商（RQ）计算模型[式（4-15）]，结合蒙特卡罗模拟法，估算抗生素对人体的健康风险商值（RQH）。通常风险商大于1，表示有风险；风险商越大，表示该抗生素的风险越大。

$$RQ_H = \frac{Dose_A \times EF \times ED}{ADI \times BW \times AT} \tag{4-15}$$

式中，EF——抗生素的暴露频率，d/a；

ED——暴露持续时间，a；

AT——日均可接受摄入量的平均时间，d；

BW——儿童、成人的体重，kg/人。

根据上述方法计算各种抗生素产生的生态风险，最大可接受浓度以及各种抗生素最大可接受健康风险浓度，结果见表4-11和表4-12。表4-11中的临界值可作为环境水体中抗生素生态安全的参考浓度值，表4-12中的临界值可作为饮用水水源地和饮用水中抗生素健康安全参考值。

表4-11　5种抗生素生态风险最大可接受浓度　　单位：μg/L

抗生素名称	临界水平
林可霉素	0.07
头孢呋辛	910.00
红霉素	125.00
磺胺甲噁唑	5.00
磺胺二甲嘧啶	15.63

表4-12　5种抗生素健康风险最大可接受浓度　　单位：μg/L

抗生素名称	临界水平
林可霉素	55.68
头孢呋辛	17.82
红霉素	89.09
磺胺甲噁唑	289.55
磺胺二甲嘧啶	111.36

4.4 小结

我国在 1986 年经过卫生部批准颁布实施的《生活饮用水标准》是参照世界卫生组织颁布的《饮用水水质准则》及美国制定的《一级饮用水水质规程》和《二级饮用水水质规程》，并在《生活饮用水卫生标准》试行办法的基础之上制定而成的。近年来，我国的饮用水水质标准经过不断的修改虽有所加强，但是距离国际上的水质标准还存在一定的差距。

入库河流作为饮用水水源保护区的连接水体，由入湖河流输入的外源氮磷与湖库氮磷浓度、富营养化程度和蓝藻水华暴发等往往紧密联系。目前，我国现行《地表水环境质量标准》（GB 3838—2002）中对河流、湖泊水体的总氮（TN）、总磷（TP）标准限值的规定差异较大。如果仅以现行的《地表水环境质量标准》（GB 3838—2002）中Ⅲ类标准为湖泊及其入湖河流水质控制目标，河流的氮、磷控制标准可能难以满足湖库氮、磷控制需求，对有效控制湖库外源氮、磷输入十分不利。因此，建议执行比一般河流更为灵活的限值和目标。

从目前生态环境监测工作的开展现状来看，饮用水水源水库的取样方式和过程较为传统和单一，多依靠人工时效滞后，检测结果容易受人为操作的影响，无人船和自动在线监测技术仍不成熟。深圳市对水库水动力条件的监测管理较为薄弱，以东深供水沿线水库为例，水动力条件和水利停留时间直接影响考核断面达标情况。

东江来水库的总磷含量奠定了深圳市引水水库总磷含量高的背景值，但调蓄水库水质情况也呈现不同差异性，因此，本地源的输入和内源的吸附释放对水库水质也有重要的贡献。此外，水生态的摸底调查和评估技术研发也亟待开展，从而促进水环境考核目标应从水质指标达标向水生态健康转变。

深圳 40 多年的发展历程见证了边陲小渔村向国际化都市的转变，高新科技和工业企业的发展带来的高污染排放，新型污染物的出现给深圳市饮用水水源保护区的安全保障带来了极大的风险和不确定性，应重点关注、长期跟踪研究。

第5章

饮用水水源地水质预警预报

饮用水水源地预警预报是守护供水安全的“智慧前哨”。这一体系通过实时监控与智能分析，能够提前捕捉水质异常信号，预判污染扩散趋势，将被动应急转为主动防控，为化解突发风险赢得关键处置时间。同时，长期积累的监测数据可揭示饮用水水源地生态系统的脆弱环节，指导科学划定保护范围、优化流域产业布局，从源头减少人类活动对水环境的干扰。这种前瞻性防控机制，既是保障千万人饮水安全的重要防线，也是实现水资源可持续利用的必然选择。

5.1 国内饮用水水源地预警监测情况

5.1.1 广州市西江引水工程水质预警系统

西江是珠江的主干流，长度为 2 074.8 km，流域面积为 35.5×10^4 km^2，平均径流量为 $2\ 670\times10^8$ m^3/a，占珠江流域水量的 80%。2010 年 9 月 29 日西江引水工程建成通水，西江引水工程总投资概算为 89.5 亿元，取水设计规模为 350×10^4 m^3/d，原水管线沿途跨越广州、佛山两市三区，全长 71.6 km。从三水区思贤滘下陈村西江河段取水，由两条长 47.6 km、管径为 3.6 m 的主管引水至广州白云区鸦岗配水泵站后，再通过 24 km 长的原水支管将原水分别输送到广州市西北部的江村、石门和西村水厂，全面置换这 3 座水厂的原有水源，有效地解决了广州市西北部水源水质型的缺水问题。

根据西江引水工程的特点，在西江水源地取水口、鸦岗配水泵站和水厂入口（江村、石门和西村水厂入口）共设置了三道预警防线，建立了西江水源水质预警系统。

第一道防线设在西江水源地取水口，主要通过水源地化验室人工监测、水质中心人工监测和西江水源水质在线监测系统，实施水源水质监控和预警。水源地化验室人工监测的水质指标主要包括 pH、浊度、嗅味、色度、温度、溶解氧、COD_{Mn}、氨氮、亚硝酸盐氮、氰化物、重金属毒理学指标、挥发性酚和生物毒性等，实验室配备生物毒性检测仪、重金属检测仪和军用检毒箱等移动监测设备，具有现场快速监测的特点，有利于提高应急监测能力。公司水质中心负责水质月度常规和半年全分析，掌握水源水质总体情况和变化规律。

西江水源水质在线监测预警系统由采水单元、配水单元、水质在线监测仪器、控制单元与系统集成 4 部分组成，见图 5-1。采水单元采用连续或间歇的方式工作，根据监测要求，现场或远程设置监测频次，具有自动连续地与整个系统同步工作的特点。为保证采集水样的有效性，取水口均能够随水位变化，取水点位于水下 0.5～1.0 m 处，并与河底保持一定距离。由于不同的仪器对水样质量的要求不同，配水系统能够对水样进行预处理，使水样满足在线水质监测仪器所需的水质、水压和水量要求。水质在线监测仪器利用水质在线监测技术将实验室水质分析过程，即试剂配制、预处理、反应和计量等过程完全自动化，并将它们组合在一起，通过一定的集成实现过程控制。控制单元具有系统控制、数据采集、贮存及传输功能，主要完成水质自动监测系统的控制、数据采集、存储、处理工作。

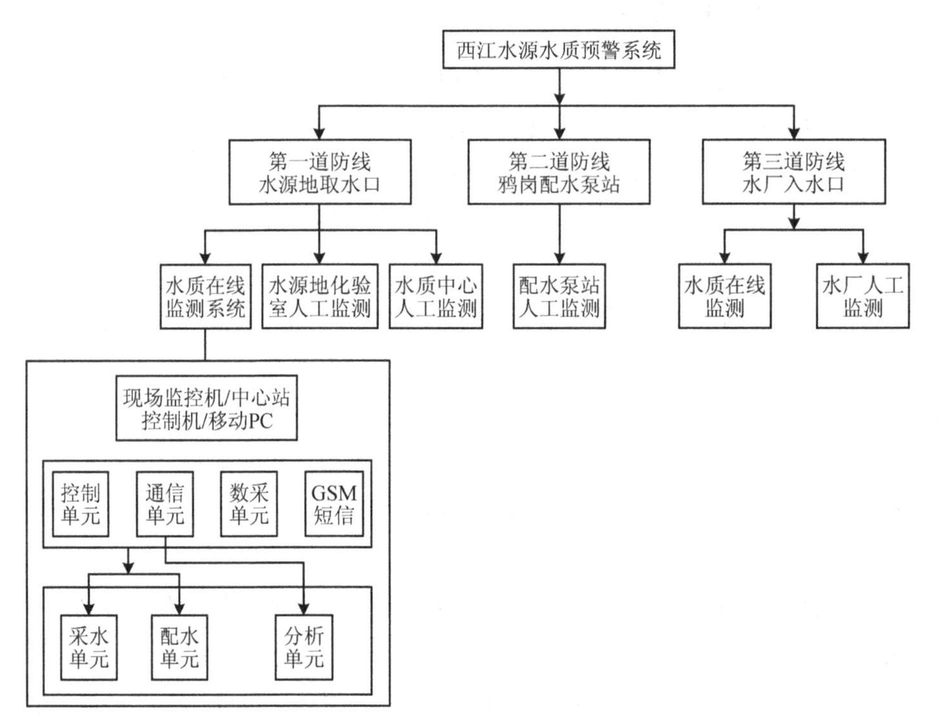

图 5-1　西江水源水质预警系统框架

水质在线监测系统从 3 个方面选择了 23 项水质指标代表西江水源水质，其中，感官性状和一般物理化学指标为 15 项，分别是 pH、水温、浊度、溶解氧、电导率、COD_{Mn}、UV254、总磷、氨氮、石油类、色度、硫化物和重金属（锌、铜、锰）；毒理学指标为7项，分别是氰化物、氟化物和重金属（镉、铅、砷、汞、六价铬）；水质综合毒性1项，采用以发光细菌作为指示物的生物分析技术。

第二道防线设在鸦岗配水泵站，主要通过pH和浊度两项常规水质指标的监测，以及对配水池进行水质巡查，及时发现水质异常情况，实现水质监控和预警。

第三道防线设在水厂（西村、江村和石门水厂）入水口，采用人工监测和在线监测相结合的方式，以人工监测为主。对pH和浊度两项指标实行在线监测，保障水厂出厂水水质稳定达标。水厂化验室对水源水质中的感官性状和一般化学指标（浊度、色度、嗅味、肉眼可见物、COD_{Mn}、氨氮），以及生物学指标（细菌总数、总大肠菌群、耐热大肠菌群等）进行日常监测。

5.1.2 北京市密云水库

密云水库是北京市最大的饮用水水源供应地，水库建成于1960年，见图5-2。密云水库位于燕山群山丘陵之中，在北京市东北部、密云区中部，西南距北京城约70 km，距密云区12 km。密云水库形似等边三角状，有2条支流，一条支流是白河，起源于河北省沽源县，经赤城县、延庆县、怀柔区，流入密云水库；另一条支流是潮河，起源于河北省丰宁县，经滦平县，自古北口入密云水库。水库坐落在潮河和白河中游偏下，系拦蓄白河、潮河之水而成，库区跨越两河。水库最高水位水面面积达到188 km^2，水面137 000亩①，水深40～60 m，最大库容量达43.75亿m^3，兼顾灌溉、防洪、供水、多年水量调节等综合功能。

图5-2 北京市密云水库

① 1亩≈666.67 m^2。

20 世纪 80 年代后，首都用水急剧增长，水资源供需矛盾日趋紧张，密云水库停止向河北、天津供水。到 21 世纪，随着北京地下水逐渐减少，密云水库已成为北京城市生活饮用水主要的水源地，市内以密云水库为中心的饮用水水源保护区（一级、二级、三级）面积达到约 2 300 km^2，占流域面积的 70%以上，年供水量约占北京市年地表水供水量的 73.3%。

目前，密云水库周边有 14 个监测点位，其中 5 个设在地表水入密云水库处，6 个设在密云水库库区，1 个设在出密云水库处，1 个设在京密引水渠，1 个设在密云水库下游；共有 5 个自动监测站点，分别为上游潮河入密云水库处、白河入密云水库处、密云水库库区内、密云水库潮河主坝（取水口）、密云水库白河主坝（取水口）。水质自动监测共有 10 项指标，分别为 TOC、电导率、浊度、水温、pH、溶解氧、高锰酸盐指数、氨氮、总磷、总氮。密云水库保护区内建立了一套完整的视频监控系统，可以覆盖保护区的大部分区域，提高了环境执法的针对性和效率，达到事半功倍的效果。环水库的围网上设置了 52 个出入口，每个出入口都有电子视频监控设备，见图 5-3。

图 5-3　密云水库预警监控案例

5.1.3　四川省成都市徐堰河、柏条河饮用水水源地

徐堰河、柏条河水源来自上游岷江，属于左右两条分支，见图 5-4。徐堰河在郫都段全长约 27.5 km，河流穿过 7 个街道，在石堤堰与柏条河合流而止。徐堰河、柏条河水源地负责成都城区的 4 个水厂供水，占成都市生产总量的 86.3%（日供水 240 万 t），满足城市 1 050 万居民生产生活供应。

图 5-4　徐堰河、柏条河

徐堰河、柏条河饮用水水源地的预警监控系统主要包括监控中心和视频监控端两部分。监控中心建于郫都区生态环境局，配备了专门的监控机房，安装了视频数据接入设施、数据存储处理设施以及液晶拼接显示系统。所有视频监控端均与县应急办联网。项目共计投入资金 788.83 万元。为提高视频监控系统运行成效，郫都区将建成的视频监控系统运行管理进行外包，每年外包服务费为 57.9 万元，监控中心运维费为 34.32 万元。

视频监控端主要围绕徐堰河、柏条河饮用水水源地 3 个重要水体徐堰河、柏木河、柏条河设置，以监控取水口、交通主干道桥梁/水面、河道、非交通主干道桥梁/水面等为重点，共设置监控点位 25 个，架设了标清球机、枪机等摄像头 35 个（预计还要新增摄像头 47 个），形成了涵盖饮用水水源一级、二级保护区及周边重要节点的视频监控网络。目前，视频监控系统运行稳定，在监控中心平台上输入需要查看的点位编号或名称，就能快速调取视频画面，并能够查看报警统计、视频回放等信息。同时，在视频监控系统上设立了警戒线，运用“视频智能分析服务器”分析实时采集到的视频数据，如果警戒线所处的画面位置突然出现大块动态轨迹，且轨迹速度超过了系统内预设的速度，系统后台就会报警、录像取证，为处置环境安全隐患提供视频资料。

成都市郫都区建设的视频监控系统工程，很好地解决了饮用水水源保护区的面积大、地形杂、周边潜在的干扰活动因素多和仅靠人工巡查难以满足实时管理需求的难题，能够对警戒线内的异常状况及时报警和取证，进而可以对后续的应对工作提供支持。这种做法可为许多有类似饮用水水源保护区情况的地区提供更好的借鉴。

5.1.4 上海市青草沙水源地

青草沙水库位于长兴岛西北方冲积沙洲青草沙上。因为青草沙拥有大量优质淡水，2006 年，上海市政府决定将青草沙建设成上海市的水源地，以改变上海 80%以上自来水水源取自黄浦江的格局。2010 年全部工程竣工，2011 年 6 月青草沙水源地原水工程全面建成并通水。其水质要求达到国家Ⅱ类标准，供水规模逾 719 万 m^3/d，占上海原水供应总规模的 50%以上，受水水厂 16 座，供水范围为杨浦、虹口等上海 10 个行政区全部区域及宝山、普陀等 5 个行政区部分地区，受益人口超过 1 100 万人。

青草沙水库最大有效库容达 5.53 亿 m^3，水库面积为 66 km^2，设计有效库容为 4.35 亿 m^3。水库蓄满水时，可在不取水的情况下连续供水 68 天，可确保咸潮期的原水供应。

青草沙水源地水质主要取决于上游徐六泾来水，受到长江口上游江苏和上海化工企业和排污厂的共同污染，长江口水质的氮、磷含量偏高，青草沙水库存在富营养化、并产生蓝藻水华的风险。按照现在长江口的污染形势，如果不加以治理，那么青草沙水库可能有 10～20 年的寿命。

目前，青草沙水库水质预警设施包括水质预警监测平台和水质预警基地，两者的联合运行可对青草沙水库的水质保持进行全生命周期的同步跟踪和调度指导，预防预控水体富营养等的突发性水污染事故。

青草沙水库水质预警监测平台由 5 个固定式水质自动监测站、3 个浮标式水质自动监测站和氯化物在线监测系统、水情测报系统、水质监测船、水质分析实验室等组成，具备 pH、水温、电导率、浊度、溶解氧、含氯度、高锰酸盐指数、氨氮、总磷、叶绿素 a、蓝绿藻等参数的实时监测能力和常规地表水监测项目、常规生物指标、常规理化指标以及部分微量污染物的分析能力。

为监测咸潮对水源的影响，预警监测站点增加了氯化物监测点位、频次，优化了量程。青草沙水库基于大量实测数据，建立了电导率—氯化物浓度关系曲线，经过长期的试验比对和实际运用，利用电导率检测结果计算氯化物的方法已基本满足生产运行需要。

上海市环境监测中心每月在水库供水头部采样。每天早晨 7 点，运行班组人工检测上游库外来水电导率，监测点位布设如图 5-5 所示，并与水文测量数据相比，以保证数据的准确性，同时采用对应的电导率-氯化物曲线进行换算得出氯化物浓度。

咸潮期间若上游库外氯化物呈上升趋势，且超过 200 mg/L，则按小时测定上游库外来水电导率；氯化物浓度大于等于 250 mg/L 时，及时汇报。同时，水库管理公司利用长江口盐度监测系统、水库水文测亭在线监测、水库浮筒氯化物监测系统、便携式仪表监测、实验室监测等多种手段跟踪咸潮状态，为做好咸潮应对工作积累基础数据。基于近年来在咸潮在线监控方面的经验积累，调整了库内外相关点位的盐度探头量程，并适当增加了正面盐水入侵在线监测点位。鉴于正面上溯咸潮入侵路径，监测点位布设如图 5-5 所示。

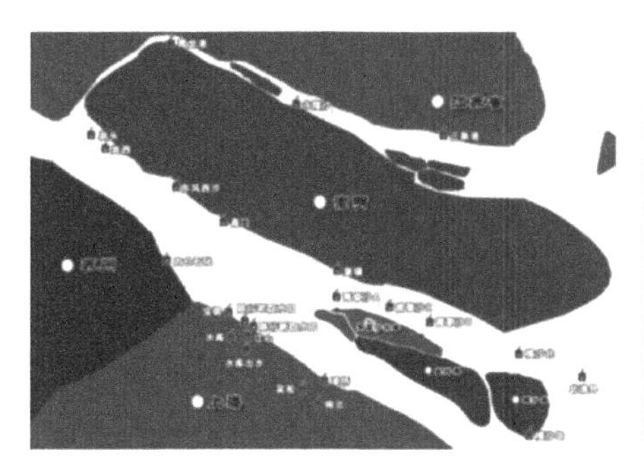
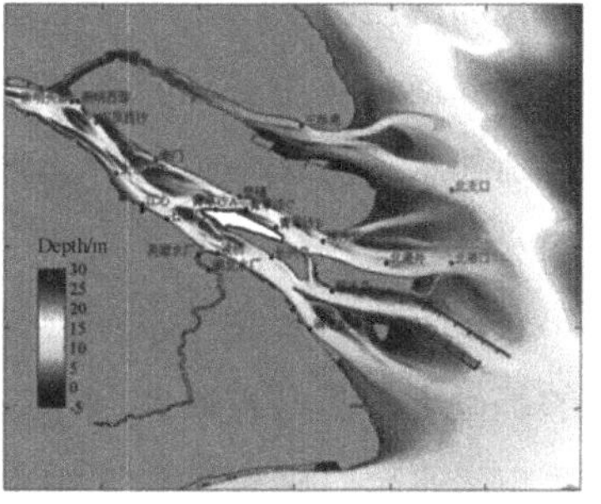

图 5-5　青草沙水库周边氯化物浓度监测点及咸潮监测点分布

青草沙水库的水质预警基地则主要由水库底泥富营养化预警、水库藻类水华预警、水库水生态系统健康预警、长江来水的生物预警和水库水质变化应急处置方案模拟 5 类功能区组成。

青草沙水库预警监测平台和预警基地的联合运行，可对水库的水质保持进行全生命周期的同步跟踪与调度指导，预防预控水体富营养等突然性水污染事故。根据公开报道，青草沙水库已多次成功应对咸潮和油污染事件。

青草沙水库提供了一种位于河口地区水源地的实施监控做法，采用“避咸取淡”实施监测策略，以确保取水过程中的水质安全，这种做法可以用于来水水质不稳定，但有一定变化规律的地区推广，采用特殊的实施监测手段“择优”取水，对当地取水水质的保障有很强的实用性和可靠性。

5.2 深圳市饮用水水源地预警监测情况

深圳市环境监测中心站主要承担深圳水库和雁田水库的水质常规监测任务，深圳市水文水质中心、广东粤港供水有限公司也会开展日常监测。此外，广东省水利厅、深圳市生态环境局和广东粤港供水有限公司在深圳水库各设立了1套水质自动在线监测设备，广东粤港供水有限公司还配套在深圳水库建立了水文遥测系统、水库运行信息系统和原水水质预警平台，在雁田水库建立了水文遥测系统和原水水质预警平台，用于水质预警及水量调度。同时，为进一步掌握深圳市饮用水水源地及其保护区水质的状况，提高深圳市饮用水水源地水质监测水平，生态环境部门与水务部门建立了水质管理联动机制，对饮用水水源地开展常规监测、补充监测和加密监测，现场排查前置库、生态库、缓冲库等非流动水体情况，完善饮用水水源地水环境自动监测站点，持续采集水质监测信息，并每季度定期通报水质类别和水质达标率数据，及时分析水源地水质的异常原因，保障饮用水水源水质的安全。

近年来，为进一步完善水质预警预报机制，深圳市在饮用水水源水质信息数据汇聚的基础上，将数据落实到深圳市城市运行监测、市域时空信息平台（CIM平台）等市级平台。通过构建饮用水水源管理系统、环境质量分析系统、突发风险事故和水质预警预报等智慧系统，采用系统模型、AI 识别、VR 电子沙盘、智能预警预报等先进技术，不断提升饮用水水源保护信息化水平，实现水源地保护与数字化转型、云监管模式的深度融合。

5.2.1 引水工程水质预警监控工程建设情况

按照深圳市供水布局规划，深圳市主要依托东深供水工程、东部供水水源工程两大工程，通过北线引水工程、供水网络干线工程、北环供水干管和其他输配水支线，形成“长藤结瓜、分片调蓄、互相调剂”的水源网络，在深圳市范围内进行水源调配供水。为加强外来引水水质预警监测和本地水源地水质预警监测，防止因突发水环境污染事故造成本地饮用水水源地异常或供水水厂水质异常，东深供水工程和东部供水水源工程沿线及主要饮用水水源地均布设了水质在线监测设施。

（1）东深供水工程沿线水质预警建设

为加强对东深供水工程沿线水质的预警监控，广东粤港供水有限公司配套建立了水质预警平台，用于水质预警及水量调度，平台包括水质监测、水质巡查、水质观测以及报警管理等功能模块，对不同用户授予职责相应的系统权限，该平台可实时监测太原泵站、雁田水库、深圳水库共 3 处水质情况。其水环境监测中心的水质监测数据通过 LIMS 系统采集，其余信息人工填报。当水质监测项目异常时，水质预警平台自动向有关人员推送报警信息。现场检测和实验室检测数据的报警信息需经水技术研发部人员在线确认后发布。该在线监测系统通过水质信息在线查询和共享，实现了东深供水工程突发水环境污染事件的防治与预报。东深供水自动在线监测系统终端见图 5-6。

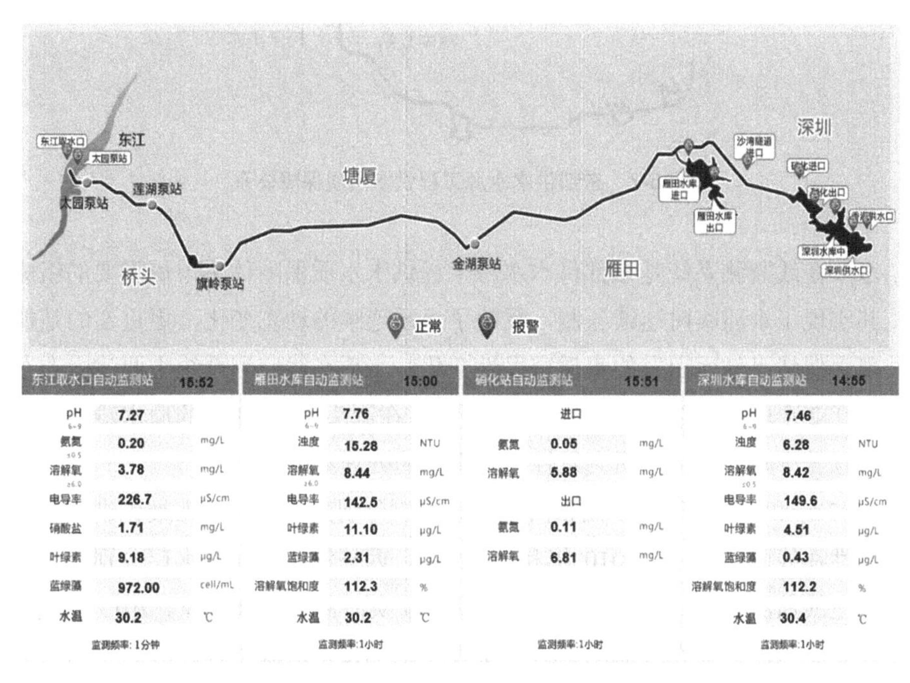

图 5-6　东深供水自动在线监测系统终端

（2）东部供水水源工程供水水质保障体系

东部供水水源工程供水水质保障体系建立的原则是从源头预警着手，根据工程特点有针对性部署，在每一个关键站点（尤其是裸露在外的位置）通过多种互为补充的方法来保障水质安全。水质保障体系的建立经历了不断探索、不断完善的过程，从最初单一的传统水质检测，建成了如今由水质在线监测、水质取样检测、辅助水质监测 3 部分组成的完善体系。东部供水水源工程供水水质保障体系如图 5-7 所示。

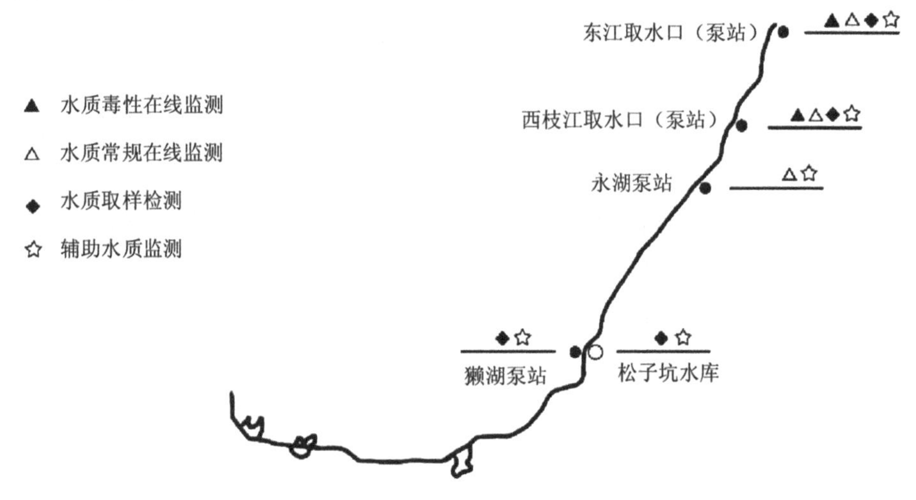

图 5-7　东部供水水源工程供水水质保障体系

水质在线监测系统是东部供水水源工程供水水质保障体系中最重要的组成部分，其实现了水质实时连续监测，反映了水质连续的动态变化，更重要的是能及时发现由偶然事件而引发的水质突发性变化。水质在线监测系统主要建立在东江和西枝江 2 个取水口及原水汇合的永湖泵站，在源头为 106 km 的原水输送建立了第一道预警屏障，也为水质突发性污染事故的处理赢得了时间。

2007 年和 2008 年，东江和西枝江取水口分别建立了世界上最先进且准确的水质毒性在线监测系统。2010 年和 2011 年，西枝江和东江取水口分别建立了水质常规在线监测系统，实现取水口的完整水质实时监测系统保障。2013 年，永湖泵站建立了水质常规在线监测系统，实现了东部供水水源工程二级泵站的水质实时监测系统的保障。

①水质毒性在线监测系统。

系统组成。东部供水水源工程水质毒性在线监测系统选择的是生物毒性检测设备，分别在东江和西枝江取水口建立。每套系统由 TOXControl 在线综合毒性监测仪、通信与数据采集系统、其他辅助设备等组成。其中，在线综合毒性监测仪包含自动生物培养振荡器、TOXcontrol 启动实验包、TOXbioreactor 生物反应器启动实验包、参考水样装置、附加冷却系统、发光菌及其培养介质；数据采集系统包括采集用计算机，通信设备和数据采集软件；其他辅助设备包含工业温控冰柜、空调、取水和排水管线。

原理。TOXControl 生物毒性监测仪使用新培养的发光细菌（费舍尔弧菌）作为生物感应器。在发光细菌暴露到被检测样本前后分别检测发光强度，计算光损失百分比，从而判断被测水样的综合毒性水平，当检测结果达到预先设定的毒性水平时，系统便会报警。

特点。针对水质的综合毒性污染，生物毒性检测技术具有反应速度快、毒性监测谱宽的技术优势，发光细菌能检测到的已经验证的毒性化学物质超过 2 000 种（含重金属和有机物）。在进行纯水 24 小时重复检测时，标准差<3%。其运行可靠、维护简易、成本不高，仪器的人工维护周期为 2 周，主要工作为更换冻干菌试剂。系统采用双报警方式，静态报警仅限人为设定，动态报警限由系统根据历史检测数据自动计算设定，超出任何一个限都会报警。

②水质常规在线监测系统。

东部供水水源工程水质常规在线监测系统的选择是基于物理方法的 SCAN（Spectrolyser）和多参数系列产品，分别在东江和西枝江取水口建立。针对深圳水源的特点，采取监测浊度、pH、溶解氧、硝酸盐、电导率、COD_{Mn}、TOC、氨氮 8 个参数，以反映常见的轻微污染。每套系统由 SCAN 终端控制器、4 个探头（紫外—可见光全谱段光谱探头、氨氮+pH 探头、溶解氧探头和电导探头）、清洗用空气压缩机、集成箱体、管路和探头流通池、控制器软件（含操作系统、报警、显示、三维谱线）等组成。

东部供水水源工程水质常规在线监测系统属于免试剂物理检测方法，检测 8 个参数的 4 个探头分别采用以下原理工作：

紫外—可见光谱段原理，光谱探头可以检测浊度、硝酸盐、COD_{Mn}、TOC 4 个参数值，根据紫外—可见光谱原理工作。光束通过一个光源发射，通过截止后，再通过一个检测器测量一定波长范围内的光束强度。每种溶解在介质中的分子会吸收特定波长下的光。介质中物质浓度的量是由样品的吸光度的大小决定，包含物质的浓度越高、光束就会减弱得越厉害。

氨氮+pH 探头可以检测氨氮和 pH 两个参数值，采用离子选择电极方法工作。当电极头的选择性膜与水样溶液相接触，膜内外产生一定的电位，这种电位的大小取决于溶液中自由离子的浓度。通过检测一个精确的已知离子浓度的标准溶液获得定标曲线，从而检测水样中的离子浓度。

溶解氧探头是一种光学多参数探头，可直接测量水中溶解氧浓度和温度，传感元件采用了用于溶解氧测量的荧光淬灭原理。荧光物质受到激发光照射产生荧光，氧气分子导致荧光发生淬灭，荧光淬灭的时间间隔和氧分子含量有关系，因此，根据荧光淬灭的时间可以测量出氧气的含量。

电导探头能直接测量水中电导率，采用电导池法测量。

水质常规在线监测系统以物理方法为主，几乎没有试剂消耗，避免检测过程中对水质的二次污染。具有可持续发展、系统稳定、几乎无耗材、无排放、维护量小等优点。

5.2.2 各饮用水水源地水质预警建设

（1）自动在线预警监测

深圳市 43 个饮用水水源地中，共有 21 个饮用水水源地有建设水质预警监测实施，其中，1 个饮用水水源地布设了 4 套；3 个饮用水水源地布设了 3 套；3 个饮用水水源地布设了 2 套；14 个饮用水水源地布设了 1 套。水质预警监测设施建设单位主要有广东省水利厅、深圳市水务局、深圳市饮用水水源保护管理办公室等相关部门。大多数水质预警监测设施均布设于饮用水水源地主要取水口，部分饮用水水源地考虑外来引水因素，在外来引水入口或转输出口也布设了水质预警监测实施。深圳市饮用水水源地水质预警监测设施布设具体情况见表 5-1。

表 5-1 各部门水质在线预警监测设施监测指标及监测频率情况

序号	建设单位	指标	频率
1	广东省水利厅	水温、pH、电导率、溶解氧、浊度、叶绿素 a、氨氮、总磷、总氮、COD_{Cr}、高锰酸盐指数、蓝绿藻	6 次/d
2	深圳市水务局	pH、电导率、溶解氧、浊度、叶绿素 a、氨氮、总磷、总氮、COD_{Cr}	6 次/d
3	深圳市饮用水水源保护管理办公室	水温、pH、电导率、溶解氧、浊度、叶绿素 a、氨氮、总磷、总氮、硝酸盐、COD_{Cr}	6 次/d

根据《2020 年深圳市水资源公报》，深圳市（不含深汕特别合作区）供水量为 20.22 亿 m^3，通过东江的外来引水量为 17.83 亿 m^3，深圳市外来引水量占总供水

量的 88.18%。深圳市供水基本通过东深供水工程和东部水源供水工程引东江水源，东江水水质对深圳市水源地水质影响重大，目前，东江引水主要问题是氮、磷偏高。氮、磷偏高容易导致水体富营养化，引发“水华”风险，各水源地水质在线预警监测设施监测指标具有针对性。

在东深供水工程、东部供水水源工程沿线及本地饮用水水源地取水口布设水质在线预警监测设施实现了水质实时连续监测，反映了水质连续的动态变化，为深圳市饮用水水源地及各供水水厂持续得到优质水源提供了保障，更重要的是，能及时发现由偶然事件而引发的水质突发性变化，也为水质突发性污染事故的处理赢得了时间。

（2）“天空地一体化”预警监测研究

针对深圳市水库藻华预警预报研究工作和管理基础薄弱，以及相关监测技术手段落后的问题，深圳市以饮用水水源水库藻类快速检测及“天空地一体化”藻华预警预报技术研发及应用为题，从空、天、地 3 个角度对生态环境进行监测，综合运用卫星遥感监测、航空遥感监测和地面站点监测等环境监测手段，基于数据挖掘、数据融合、数据协同等关键技术，实现对生态环境更加准确地感知。主要包括开展饮用水水源水库藻类快速识别设备开发；深圳市饮用水水源水库藻类种属丰度组成调查和藻毒素定量图谱确定；深圳市饮用水水源水藻毒素健康风险评价体系；基于 GIS 的无人机三维空间路径自动规划技术开发；集水样采集及水质分析系统于一体的无人机研发；基于遥感技术的水源地水质信息动态分析模型及多源水质数据标准化处理、存储、管理与共享方法研究和饮用水水源水库藻华暴发监测的“天空地一体化”水质预警预报技术研发等研究。

最终以现有水质常规监测能力为基础，辅以卫星遥感监测、无人机动态巡测，结合 GIS 空间技术、遥感监测技术、多源水质数据综合管理等先进技术以及水环境综合治理需求，最终形成包括水质监测体系、数据管理体系、分析评价体系及预警预测体系在内的多层次水质监测预警平台，以实现卫星、无人机及地面信息的同步获取、水质水环境监测信息的实时提取、处理和分析，水质监测成果的快速输出与展示，以及水华暴发等水质异常情况的快速响应与预警。当前暂定以 pH、溶解氧和藻密度作为关键响应指标，当相关指标超过设定阈值时，则启动后续藻华防范措施。

5.3 小结

饮用水水源地监测预警是一项需要科学布局、系统性部署的工作，深圳市饮用水水源地数量众多，风险源类型多样，加上外来引水为主的供水格局和高营养盐背景值输入的影响，导致深圳市饮用水水源地水安全风险防控态势复杂，饮用水水源地预警监测手段、技术和网络体系仍需进一步优化和完善。

尽管自动在线监测在深圳市水库的普及率较高，但受限于快速监测技术的发展，开展饮用水水源地水质常规监测方式仍较为传统，仍以人工采样监测为主，自动在线监测为辅，以总磷为例，需现场采样后送至实验室进行监测，往往无法获得即时的水质状况信息。此外，由于深圳市饮用水水源地本地入库支流较短，不具备预报条件，突发水污染事件的预警预报侧重预警监测，因此，对于监测手段和技术需要更高的灵敏度和反应速度。

东江上游降雨天气和农业活动仍是深圳市水源地水质波动的重要影响因素，外来水生植物如拟柱孢藻的入侵也对引水工程沿线水库的水质稳定达标造成扰动。为了实现对全市饮用水水源地突发环境事件的预警预报，深圳市已在入库河流及相关治污截污设施、取水口和外来引水入口等重要位置均实施了水质监测和视频监控，但对流量的实时监测尚未普及，同时标志水华风险的藻类指标也尚未纳入常规监测。此外，仍需进一步研究探明降雨天气与水生态、底泥之间的相关性和规律，进而真正发挥预警预报对突发环境事件的前置防范作用。

目前，深圳市环保和水务系统均在普及实现电子信息化，而在水源地数据平台系统的共享共建方面尚未实现统一。对于饮用水水源地的安全保障而言，环保和水务的职责权限密不可分，既有交叉又需分工合作，因此，在深化预警监控工程乃至其他相关信息平台建设时，应从数据共享共建的原则出发，兼顾硬、软件配置和数据端口等衔接，并协调与东江上游相关部门建立会商交流机制，从而全方位地防控突发环境事件带来的不利影响。

第6章

饮用水水源保护区污染源整治

饮用水水源保护区污染源整治的核心在于破解“污染输入远超自净能力”的困局。当污染物排放持续突破水体自净阈值，水质安全将面临系统性风险。饮用水水源保护区污染源整治是饮用水水源地水质安全保障的核心环节。为推进饮用水水源地污染整治工作，生态环境部门积极构建“制度+工程”双维防控体系：通过制度严控污染源头准入与过程风险，依托工程精准阻断污染物迁移路径，形成“源头准入—过程拦截—末端阻隔”的全链条防控闭环。这一治理范式从被动应对转向主动防御，通过制度消减风险增量，利用工程清除污染存量，以刚性管控守护水质安全底线，从根本上保障水资源永续利用与公共卫生安全的核心权益。

6.1 法律法规体系

6.1.1 国家法律

我国先后颁布了《中华人民共和国环境保护法》《中华人民共和国水污染防治法》等法律法规，从法治源头保护饮用水水源，通过设立约束性条款对饮用水水源地污染源的整治工作进行了系统化建设，进而可依法保障饮用水安全、维护人民群众身体健康。

《中华人民共和国环境保护法》于 1989 年 12 月 26 日颁布实施，2014 年 4 月 24 日修订通过，2015 年 1 月 1 日施行。其中，第二十九条规定了各级人民政府应对重要的水源涵养区域予以保护，严禁破坏；第三十三条要求各级人民政府应当统筹有关部门采取措施，防治水土流失、水体富营养化、水源枯竭等生态失调现象；第五十条规定各级人民政府应当在财政预算中安排资金，支持农村饮用水水源地保护工作。

《中华人民共和国水污染防治法》制定于 1984 年 5 月 11 日，并于 2008 年 2 月修订通过，2008 年 6 月 1 日施行。《中华人民共和国水污染防治法》提出针对地表水和地下水污染防治，坚持预防为主、防治结合、综合治理的原则，优先保护饮用水水源。针对饮用水水源保护区建设项目准入，第六十五条明确规定禁止在饮用水水源一级保护区内新建、改建、扩建与供水设施和保护水源无关的建设项目，已建成的与供水设施和保护水源无关的建设项目，由县级以上人民政府责令拆除或者关闭；第六十六条明确规定禁止在饮用水水源二级保护区内新建、改建、扩建排放污染物的建设项目；已建成的排放污染物的建设项目，由县级以上人民政府责令拆除或者关闭；第六十七条明确规定禁止在饮用水水源准保护区内新建、扩建对水体污染严重的建设项目；改建建设项目，不得增加排污量。

6.1.2 行政法规

考虑法律的高度概括性，国务院及相关部门出台了一系列指引文件，对法律中有关饮用水水源保护区建设项目准入的问题进行了进一步详细说明。《水污染防治法实施细则》公布于 2000 年 3 月，第二十三条规定禁止在生活饮用水地表水源二级保护区内新建、扩建向水体排放污染物的建设项目。在生活饮用水地表水源二级保护区内改建项目，必须削减污染物排放量。禁止在生活饮用水地表水源二级保护区内超过国家规定的或者地方规定的污染物排放标准排放污染物。禁止在生活饮用水地表水源二级保护区内设立装卸垃圾、油类及其他有毒有害物品的码头。

《关于〈水污染防治法〉中饮用水水源保护有关规定进行法律解释有关意见的复函》（环办函〔2008〕667 号）中明确了对于饮用水水源一级保护区及二级保护区内建设项目的要求，即在饮用水水源一级保护区内，既无法调整饮用水水源和保护区，又确实避让不开的跨省公路、铁路、输油、输气和调水等重大公共设施、基础设施项目，可以在充分论证的前提下批准建设，但必须具有饮用水水源地应急预案，并在铺设线路方案上科学论证，从严要求，并采取防遗洒、防泄漏等措施，设置专用收集系统，对所收集的污水和固体废物进行异地处理和达标排放，而且应当对施工阶段提出严格的环保要求；涉及饮用水水源一级保护区内的建设项目的环评文件审批，应当依据《环境影响评价法》和《建设项目环境影响评价文件分级审批管理名录》确定的审批权限执行；禁止在饮用水水源二级保护区内新建、改建、扩建排放污染物的建设项目。

《关于饮用水水源二级保护区内建设项目有关问题的复函》（环办环评函〔2016〕162 号）规定在正常运营情况下，运营期公路、铁路、管线等线性工程和风电项目不会向外界排放废水、废渣等污染物，不属于排放污染物的项目。但在施工期和事故状态下，上述工程会产生废水、废渣等污染物，可能对饮用水水源保护区造成污染，因此，在确实无法避让的情况下，应加强施工期的环境管理，配套建设相应的风险防范措施，将环境影响和环境风险降到最低。对于收费亭站、管理站房等设施也进行了规定，即收费亭站、管理站房等设施，由于相关人员、车辆活动较频繁，且产生少量生活污水，环境风险较高，不宜设置在二级饮用水水源保护区内，确实无法避让的，不得向保护区内排放污水。

《建设项目环境影响评价分类管理名录》是国家环境保护总局 2002 年 10 月 3 日发布文件，并根据 2018 年 4 月 28 日公布的《修改决定》修正。将饮用水水源保护区列为环境敏感区，并且以名录的形式对涉及饮用水水源保护区的相关建设项目进行分类并实行分类管理，强化污染预防作用。

6.1.3　规章与规范

《饮用水水源保护区污染防治管理规定》于 1989 年由国家环保局、卫生部、建设部、水利部和地矿部联合发布，在 2010 年 12 月进行了修正，该规定推进了我国对于饮用水水源保护区制度的完善，分别对地表和地下水源保护区的划分和防护进行了明确规定。针对地表水源保护区一级区要求禁止新建、扩建与供水设施和保护水源无关的建设项目；禁止向水域排放污水，已设置的排污口必须拆除；不得设置与供水需要无关的码头，禁止停靠船舶；禁止堆置和存放工业废渣、城市垃圾、粪便和其他废弃物；禁止设置油库；禁止从事种植、放养畜禽和网箱养殖活动；禁止可能污染水源的旅游活动和其他活动；针对地表水源保护区二级区，要求禁止新建、改建、扩建排放污染物的建设项目；原有排污口依法拆除或者关闭；禁止设立装卸垃圾、粪便、油类和有毒物品的码头。针对地表水源保护区准级区内要求禁止新建、扩建对水体污染严重的建设项目；改建建设项目，不得增加排污量。

《生活饮用水卫生监督管理办法》制定于 1996 年，分别在 2010 年 2 月和 2016 年 4 月进行了修订，修订后于 2016 年 6 月 1 日开始施行。该办法规定了我国生活饮用水应达到的卫生标准，并从卫生安全角度提出了对饮用水水源地保护的要求，第十三条规定了饮用水水源地必须设置水源保护区，保护区内严禁修建任何可能危害水源水质卫生的设施及一切有碍水源水质卫生的行为。

为进一步加强集中式饮用水水源环境保护，提升饮用水安全保障水平，推进和落实《全国城市集中式饮用水水源地环境保护规划（2008—2020年）》，环境保护部于2012年3月31日发布《集中式饮用水水源环境保护指南（试行）》（环办〔2012〕50号）。该指南提出在影响饮用水水源水质的上游（补给径流区）地区，采取最严格的环境保护措施，以水环境容量为依据，严格执行环境影响评价制度，严格环境项目准入，建设项目需向饮用水水源环境保护主管部门申办许可手续，确保饮用水水源来水水质达标。

《集中式饮用水水源地规范化建设环境保护技术要求》（HJ 773—2015）和《集中式饮用水水源地环境保护状况评估技术规范》（HJ 774—2015）作为饮用水水源地规范化建设工作的纲领性文件，为全国规范饮用水水源地环境保护建设、提高饮用水水源地环境管理水平、确保水源水质安全而制定，其中对饮用水水源保护区内流动源作出规定，即饮用水水源保护区内无从事危险化学品或煤炭、矿砂、水泥等装卸作业的货运码头，无水上加油站；准保护区内无新建、扩建制药、化工、造纸、制革、印染、染料、炼焦、炼硫、炼砷、炼油、电镀、农药等对水体污染严重的建设项目，无易溶性、有毒有害废弃物暂存和转运站。

6.1.4 地方性法规

深圳市结合地区特点，在国家饮用水水源保护区管理制度框架内制定了一系列水源区保护法规。深圳市利用特区立法权在1994年9月颁布了《深圳经济特区环境保护条例》，并于2000年3月、2009年7月修订，2010年1月1日施行。其中，对于饮用水水源保护区和准保护区内建设项目的准入进行了规定。饮用水水源保护区和准保护区内禁止新建、扩建对水体污染严重的建设项目；改建增加排污量的建设项目；饮用水水源一级保护区内禁止新建、改建、扩建与供水设施和保护水源无关的建设项目。深圳市另一部饮用水水源地地方性法规《深圳经济特区饮用水源保护条例》制定于1994年12月，于2001年10月、2012年6月28日和2018年12月27日修订，是为保护深圳经济特区饮用水水源水质，保障人民身体健康而制定。

6.2 污染源整治历程

深圳市饮用水水源保护区内的诸多环境风险与大量历史沿革问题密不可分。

水源保护区内存在大量工业企业、餐饮旅游、加油站、仓储物流等建设项目，以及果园菜地等农业种植面源，如深圳水库水源保护区内的大望村、梧桐山村，西丽水库水源保护区内的大磡、麻磡、白芒村等，与国家、省、市相关饮用水水源法律法规要求明显不符。与此同时，深圳市城区型水库水源地特点突出，水源地多临近建成区，水源保护区管理难度大，人类活动产生的污染排放仍旧对水源地水质安全构成威胁。

6.2.1　一级保护区

2017年，中央环保督察指出深圳市一级水源保护区内存在大量住宅、生产经营性及非生产经营性建设项目，给水源地水质保障带来极大污染风险。针对中央环保督察组反馈的问题，深圳市于2017年9月底前，依法关停一级水源保护区内全部工业企业，并有序开展违法建筑清理拆除及违法建设项目分类处置工作。2018年，按照生态环境部《关于开展集中式饮用水水源地环境保护专项行动督查的通知》（环办环监函〔2018〕284号）的有关部署，对深圳市饮用水水源地一级饮用水水源保护区开展了环境保护专项行动，重点对一级水源保护区内的违法建筑和建设项目情况进行清查和整治的工作。该行动对于深圳市水源地环境安全保障水平提升具有重要意义，也标志着深圳市饮用水水源地环境污染整治进入全新的阶段。目前，深圳市饮用水水源保护区一级区内基本无工业、生活排污口，也无畜禽养殖、网箱养殖、旅游、游泳、垂钓或者其他可能污染水源的活动，且保护区内无新增违法建筑和建设项目。

6.2.2　二级保护区

自深圳市于2009年开展全市饮用水水源保护区排污口调查后，全市二级饮用水水源保护区所有排污口均已关闭。2018年3月，为贯彻落实党的十九大关于坚决打好污染防治攻坚战的决策部署，加快解决饮用水水源地突出环境问题，深圳市启动饮用水水源地环境保护专项行动，完成对各级水源保护区内排污口、违法建设项目、违法网箱养殖等问题整改整治任务。近年来，深圳市高度重视饮用水水源地保护工作，为确保供水水质的安全，开展了多项饮用水水源地环境综合整治工作，如在受污染较为严重的入库河流入库口处设置截排闸（坝），大力推进入库河流流域内的雨污分流管网建设工作。截至目前，受污染的入库河流均完成了沿河截污管的建设工作，大部分流域内的雨污分流管网建设也已完工，建成区分散生活污水可截排至流域外污水处理厂进行集中处理。2018 年，为保证饮用水水源水质安全，深圳市大力推进了深圳市水库流域水质保障工程建设，以改变汇水流向，削减污染负荷，进一步提升水库水质。

6.2.3 准保护区

根据《广东省人民政府关于调整深圳市部分饮用水水源保护区的批复》（粤府函〔2018〕424 号），东深供水—深圳水库饮用水水源保护区、铁岗水库—石岩水库饮用水水源保护区、西丽水库饮用水水源保护区、三洲田水库饮用水水源保护区和雁田水库饮用水水源保护区的 5 个准饮用水水源保护区须待相应饮用水水源水质保障工程建设完工、经深圳市政府组织验收核准并向省政府报备后方可正式生效。赤坳水库饮用水水源保护区调整方案已于 2018 年 9 月 4 日正式生效。目前，深圳市饮用水水源水质保障工程建设正在有序推进中。

根据《深圳经济特区饮用水水源保护条例》（2018 年修订），深圳市禁止在饮用水水源保护区内从事畜禽养殖。近年来，深圳市每年均开展“雨季行动”专项执法检查工作，一旦发现有零散畜禽养殖和网箱养殖马上予以取缔。深圳市饮用水水源保护管理办公室（以下简称市水源办）每年均开展日常巡查工作，一旦发现有建设项目、污水排放、排污或手续不全、非法养殖、非法种植、乱搭乱建、农家乐、不规范建设、生态破坏（毁林开荒、堆土等）、非法取水、非法生产加工、人为活动（钓鱼、游泳等）、垃圾杂物堆放等各类环境问题，立即要求相关部门按时整治并上报整治成效。

此外，为摸清深圳市饮用水水源保护区污染源的分布情况，深圳市饮用水水源保护管理办公室针对全市饮用水水源二级保护区和准保护区开展了污染源排查，不仅掌握了全市污染源数量、行业分类及位置分布等关键信息，还通过日常巡查，掌握污染源的动向与变化趋势，为饮用水水源保护区涉污企业的监管提供工作指引。同时，对非法养殖、乱搭乱建、垃圾堆放等各类环境问题保持高压态势，督查各类环境问题的及时整治解决，杜绝各类环境问题“返潮”现象的发生。

6.3 污染治理工程

深圳市饮用水水源保护区环境保护工程的建设可分为 3 个阶段：

第一阶段：从特区成立至 2000 年，人口不断增加，饮用水水源保护区受到一定程度的污染，此阶段治理投入不大，主要进行污水管网的干管建设。

第二阶段：2001—2017 年，深圳市不断加大财政投入进行饮用水水源保护区水务环保基础设施建设，主要包括河道综合整治截排系统建设；河口水质净化工程和前置库建设等。

第三阶段：2018 年至今主要进行水质保障工程的建设，对饮用水水源保护区内本地建成区面源污染分质进行处理处置，将初小雨水纳入污水处理厂处理，除初小雨水，50 年一遇标准以内的建成区地表径流通过物理隔离后转输到下游河道，最大限度地降低本地入库污染。

待水质保障工程建设完成后，深圳市饮用水水源保护区入库河流可分为三大类：一是直接入库河流，共 13 条，这类河流水质相对较好，入库前不需要经过水质净化等深度处理；二是经过河口水质净化工程或前置库，共 5 条，这类河流主要是上游有一定的面源污染；三是截排转输河流，共 16 条，这些河流流经建成区，受建成区面源污染，这些河流均通过物理隔离，如生态库、生态调蓄池调蓄后，通过泵站管渠/新建河流/新建转输隧洞转输至下游河道后入海。

6.3.1 污水干管系统

深圳市饮用水水源保护区污水干管系统主要在 2000 年前后建设并投入使用，主要针对饮用水水源保护区内生活生产污染影响较大的区域，如对石岩水库流域进行截污引流工程干管的敷设，通过将污水引至沙井污水处理厂处理后排海；九围截污引流工程则是将进入铁岗水库的部分建成区污水截流，引至西乡河；西丽水库环库截排工程是将水源保护区内所产生的生活、生产污水通过截流污水管（渠）截流出库，最终纳入下游污水排海干渠，其中，西北线 1998 年建成，东北线 2002 年建成，如图 6-1 所示。

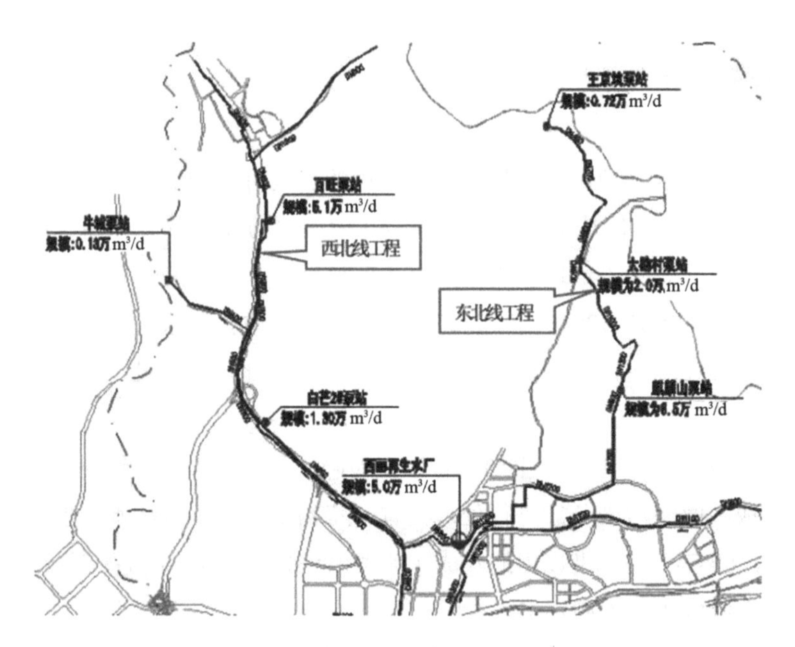

图 6-1 西丽水库环库截污总平面示意图

6.3.2 河口水质净化工程

“十二五”“十三五”期间，按照对饮用水水源保护“点、线、面”的治理思路，深圳市不断开展支流整治，对饮用水水源保护区的污水实施“扎口袋”处理，在入库支流处兴建人工快渗、人工湿地等支流整治和水质净化工程，入库前建设面源污染处理系统，即前置库，连同截污工程形成了较为完善的水库治污防污体系。深圳市入库河口水质净化工程为人工湿地和人工快渗两种土地处理方式，两种方式投资和运营成本都较低，人工湿地占地面积较大，人工快渗的建设和运营成本略高。

河口水质净化工程对水库水质的改善，削减入库污染，保护人民身体健康起到了重要的作用。从石岩人工湿地建设初期来看，当时的入库河流水质污染严重，入库河流几乎是充当纳污沟，河流水质与生活污水水质相当。石岩人工湿地一期、二期处理规模为 5.5 万 m^3/d，2003—2006 年入库河口总共建设水质净化工程近 13 万 m^3/d，总削减污染物量估算详见表 6-1。

表 6-1　13 万 m^3/d 河口水质净化工程运营初期总削减污染物量估算

污染物名称	COD_{Cr}	BOD_5	NH_3-N	磷酸盐
进水水质/（mg/L）	120	50	25	4
出水水质/（mg/L）	40	10	5	0.5
污染物削减量/（t/d）	10.4	5.2	0.39	2.6
污染物削减量/（t/a）	3 796	1 898	8.541	949

（a）石岩河人工湿地一期进水口

（b）石岩河人工湿地一期出水池

（c）石岩河人工湿地一期

（d）石岩河人工湿地

图 6-2　石岩河人工湿地现场

从运营的河口水质净化工程的现状水质数据（表 6-2）来看，主要是对溢流微污染河水、上游农业面源污染进行深度处理，给调蓄湖/生态库或下游转输河道水质提供更优质水源，主要起应急备用的作用。两种工艺运行管理都比较方便，维护也简单，且对管理人员技术要求较低。人工湿地种植的植物需要及时收割，若收割不及时使植物腐烂会导致水质变差。人工快渗因采用较大水力负荷，需经常对填料进行翻动才能保证过水率，存在堵塞风险。

表 6-2 河口水质净化工程基本情况汇总

水库名称	水质净化工程名称	投入运营时间/年	规模/(万 m^3/d)	占地面积/m^2	投资/万元	运营费用/(元/m^3·t·d)	设计/现行出水标准(TN 除外)	运营情况
雁田水库	白泥坑人工湿地	1990	0.31～0.45	—	—	—	—	已改建
甘坑水库	甘坑人工湿地	2003	1.6～0.8	20 000	475	0.17	地表水Ⅳ类	在运行
铁岗水库	牛城村人工快渗	2005	0.3	5 000	500	0.654	地表水Ⅴ类	在运行
	塘头河人工湿地	2006	2	47 474	1 342	0.261	一级 A 标准	目前荒废
	黄麻布人工湿地	2006	1	20 648	994	—	地表水Ⅲ类	在运行
	料坑人工湿地	2003	0.2	3 000	250	—	一级 A 标准	已荒废
石岩水库	石岩河人工湿地一期	2003	1.5	135 000	3 983	0.15	一级 A 标准	目前荒废
	石岩河人工湿地二期	2005	4					
	运牛坑人工湿地	2012	0.3	—	—	—	—	在运行
西丽水库	麻磡河人工快渗	2006	1.2	9 017	1 500	0.336	地表水Ⅴ类	在运行
	白芒河人工快渗	2006	1	10 435	1 200	0.39	地表水Ⅴ类	在运行
	白芒河前置库	2016	8.57	104 200	13 800	湿地及稳定塘面积 2.42 万 m^2，缓冲库容积 8.57 万 m^3		
	麻磡河大磡河前置库		8.93	375 000		湿地及稳定塘面积 17.59 万 m^2，缓冲库容积 8.93 万 m^3		
	沙河西路前置库		6.5	59 000		采用引流挡水墙、草沟收集沙河西路及周边库区段初期雨水，进入缓冲库生态降解		
深圳水库	东江来水硝化工程	1998	400	—	—	—	—	在运行
三洲田水库	华侨城三洲田生态公园茶园人工湿地雨水净化系统	2004	1 万 m^3/d，2 万 m^2 水面	0.17	—	—	—	已荒废
	三洲田湿地公园	2007	—	12 万 m^2 水面	—	—	—	已荒废

6.3.3 河道综合整治工程

深圳、西丽、石岩、铁岗等水库流域先后建设了河道整合整治工程——截污治污工程，通过河道生态改造、水质改善措施、完善雨污分流、初雨调蓄池、总口截污等内容，2015 年前形成了以市政污水管网为主、沿河截污管涵为辅的污水收集骨干体系，2018 年前多条河流进行河道综合整治，基本上全部消除河道黑臭水体，所有入库河流达到地表水Ⅳ类标准。

通过雨污分流、截排系统（图 6-3）和河道综合整治工程，解决了旱季所有入库河流没有入库污染，但雨季仍对水库造成不同程度的污染问题。如西丽水库的西丽三河（白芒河、麻磡河、大磡河）水环境综合治理工程，实现了旱季污水和建成区 30 mm 初雨水调蓄转输出库以及强化了面源污染治理、突发事件控制，对西丽水库水质保障起到了积极作用。

（a）麻磡河截排闸

（b）白芒河截排闸

（c）沙湾河口截排闸

（d）石岩河口截排闸

图 6-3　水源地部分入库河流河口拦截系统

6.3.4 前置库面源污染控制工程

为减少入库河流、地表径流对水库的水质污染，强化面源污染治理，控制水库周边市政道路突发事件，基于“点源污染进入市政污水系统，面源污染进入前置库，突发事件与水库隔离，强调水生态修复，水土保持以及适当水质改善”的工程设计思路，深圳市在石岩水库、西丽水库、茜坑水库、赤坳水库及甘坑水库都建有前置库，部分前置库如图 6-4 所示。

（a）沙河西路前置库 1

（b）沙河西路前置库 2

（c）田下河前置库

（d）白芒河前置库

图 6-4 西丽水库前置库航拍

西丽水库前置库水生态修复试验示范工程的建设综合考量周边环境及建设目的，在白芒河、麻磡河和大磡河入库河口建设前置库，通过设置截流闸，控制河道水体使其进入前置库，并在前置库中建设湿地及涵养林。在田下河的水库库尾的缓坡、菜地和鱼塘等进行前置库湿地建设，净化上游面源污染。结合交通干道与水库交错的位置，在事故多发地段沙河西路两处设置前置库，以应对突发事件频繁发生的情况。

前置库实施前，西丽水库入库河口附近多为淤泥、垃圾、腐烂植物等淤积物，周边植物主要为桉树、杂草，水环境较差，且淤积物难以有效清理。通过前置库的实施，对河口区域进行了整体规划，彻底清理淤积物，将下游河道疏通顺畅，建立多个稳定塘，并对整个区域的植物进行了合理搭配与种植。经过几年的运行，整个前置库库面整洁干净，水环境得到改善，并逐渐成为大量鱼类、鸟类生活的栖息地，现已初步形成自然条件较好的区域生态系统。

6.3.5 水质保障工程

由于深圳市饮用水水源保护区的划定时间较早，深圳市饮用水水源保护区大多位于城市建成区，甚至在高度发展区域，为典型都市型水库，水库周边开发利用程度较高，面源污染较严重；2018 年，生态环境部修订《饮用水水源保护区划分技术规范》（HJ 338—2018），深圳市个别现行水源保护区的划定在一定程度上和新的技术规范有冲突。为加强饮用水水源保护区的规范化建设，进一步提升深圳市饮用水安全保障水平，同时妥善解决历史遗留问题，深圳市提出开展水质保障工程建设，从而进一步削减本地入库污染负荷、降低水库污染风险，形成“更安全的供水格局”，建立饮用水水源保护区“更严格的保护体系”。

2018 年，深圳市先后开展了雁田水库、茜坑水库、梅林水库、赤坳水库、深圳水库、三洲田水库、长岭陂水库、西丽水库、铁岗—石岩水库等共 11 座水库 21 项水质保障工程建设，提出按照 50 年一遇的径流截流标准将建成区雨水进行截流调蓄并转输出库，分别排入下游河道，主要工程包括雨水管网系统、初雨调蓄池、生态调蓄库、截流沟、新建转输河道/明渠/隧洞（道）、生态分洪沟和污水资源化处理站等工程。

深圳市通过 21 项水质保障工程涉及 11 座水库，将原水库流域汇水范围进行调整，从而改变水库流域范围。水质保障工程的实施不仅能提高市民的饮用水质量，还能释放部分工业用地、有效盘活土地资源，拓展深圳的经济社会发展空间。解决了水源保护与发展矛盾的历史遗留问题，有效减少水库的水质污染风险，保证城市供水安全稳定，为都市型水库水源保护与片区发展矛盾的解决提供了借鉴。

6.3.6 外来引水净化工程

深圳市 85%以上的供水需要跨市调入（不包括深汕合作区），外来引水的水质直接影响深圳市和供港水质的安全。20 世纪 80 年代初期，东深供水水质仍保持了东江原水的较高质量水平。进入 20 世纪 90 年代以后，随着流域的经济从以农业为主逐渐转变为以“三来一补”的工业为主，外来人口急剧增加，污水排放量逐年递增，东深工程原水的污染速度加快，基于当年有关科研院所开展的多项采用生物措施改善供水水质的科研项目成效，兴建东深供水原水生物硝化工程，工程于 1998 年年底投入运营。东深原水生物硝化工程采用生物接触氧化法对微污染原水进行处理，设计处理规模为 400 万 m^3/d，即设计流量为 46.3 m^3/s，按生物处理池 24 小时运行，流量为 16.7 万 m^3/h，工艺流程如图 6-5 所示。

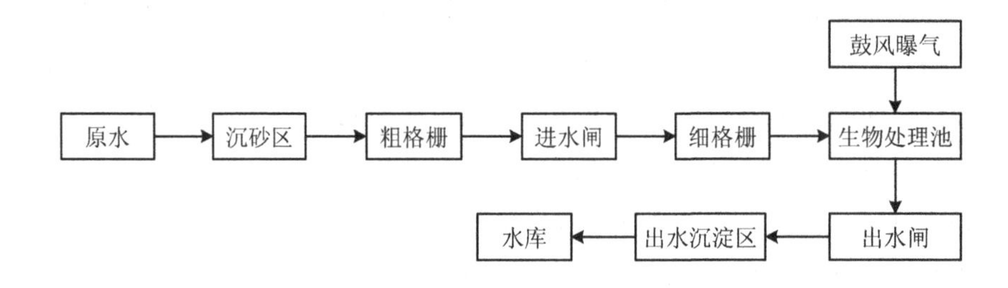

图 6-5　东深供水原水生物处理工程工艺流程

来自东深引水工程的原水经沉砂区去除大的砂粒，再由粗格栅拦截大的漂浮物，细格栅拦截小的漂浮物及悬浮物后，进入该工艺的主体——生物处理池，使有机污染物和氨氮因氧化作用而得到降解。

根据东深原水生物硝化工程 20 年的运营证明生物接触氧化工艺是适用于处理东深原水微污染要求的，对氨氮等有机物处理效果显著，并增加了深圳水库水体的溶解氧，从而提高了水库的自净能力，同时生物处理工程还对色度、非离子氨、COD_{Mn}、总氮、铁、锰、铅、锌和藻类等 10 多项水质指标均有不同程度的降解。由此可见，东深原水生物硝化工程的生化降解氨氮等有机物，具有改善和提高东深供水水质的作用。

通过近年来东江来水的东深供水和东部供水两个引水工程的水质分析以及深圳市几大调蓄型水库的水质分析，除了 TN 难以达标，TP 是目前主要不达标的指标，来水口 TP 满足地表水Ⅱ类（河流标准），但大部分时间未达到地表水Ⅱ类（湖库标准）。针对外来引水水质不能稳定达标问题，可考虑在引水工程上游设置总前置库或在各调蓄型水库前端建设小型前置库。

6.4 小结

自我国确立饮用水水源保护区制度以来，国家和党中央通过出台一系列政策法规和技术规范使饮用水水源地安全得到了有效保障。在推进饮用水水源地规范化建设和保护发展过程中，饮用水水源地污染整治工程也发挥了不可取代的作用，利用工程思维和工程技术解决行政管理遇到的“瓶颈”问题已在深圳市饮用水水源地规范化建设进程中得到了有效验证。针对深圳市饮用水水源地污染整治所面临的问题，仍需从以下几个方面开展相关工作：

系统梳理饮用水水源地污染整治工程相关政策法规和技术标准，结合深圳市饮用水水源地规范化建设实际与目标要求，兼顾与水利、国土规划、交通运输、风险应急等多行业规范的有效衔接，研究编制深圳市饮用水水源地环境保护工程的技术指引，为深圳市乃至全国开展饮用水水源地的污染源整治工作提供工程技术指导，也为全国饮用水水源地开展规范化工程建设提供实践经验。

随着截污系统及水质保障工程的实施使用，原有的入库河流河口水质净化工程的污水进水量比重大幅下降，逐渐失去了对水源保护区污水所发挥的“扎口袋”的功能。建议开展现阶段入库河流水质净化工程的功能定位研究，从近几年水质净化工程运行情况、与水质保障工程运营的衔接、应急保障措施等多个因素评估水质净化工程是否保留，以及后续相关管理或拆建问题。

开展水质保障工程年度运营效果评估。水质保障工程是深圳市为解决历史遗留问题，建立水源保护区和建成区发展的一种新的探索。深圳市 20 项水质保障工程涉及范围广、投资大，事关深圳市市民和香港的饮用水安全。因此，亟须对全市水质保障工程的工程效果及存在的问题进行分析评估，为保障市民的饮用水安全，为饮用水水源保护区的调整方案生效，提供科学有力的保障。

建议水质保障工程完成后，对水质仍未达到稳定Ⅱ类水的水库进行内源、面源及外调水系统调研和溯源分析，并进一步研究生态调蓄湖的水质保障和水生态状况，从提高水生态稳定性的目标出发，提出相应的工程措施增加调蓄湖的自净能力，并确保下游河道水质达标。

第7章

饮用水水源保护区环境风险防控

饮用水水源地风险防控关乎千万人健康安全命脉，需构建“预防+处置”防御体系。面对常态污染与突发风险的双重挑战，前端通过环境风险评估优化准入管控，依托智能监测强化风险动态预警，构建生态防护屏障；后端建立分级应急响应机制，完善工程处置技术储备，守住供水安全底线。这种“防救结合”模式，以风险评估支撑精准防控、应急响应阻断事故扩散，推动治理从被动善后转向风险预控，成为保障水资源可持续利用与公共卫生安全的战略基石。

7.1　国内水源地突发污染事件统计

从发生日期、地点、污染物和事件概况 4 个方面对 2018—2021 年全国范围内发生的城市水源地突发污染事件进行统计，经过整理和筛选共列出 34 起，见表 7-1。本研究统计的水源地突发污染事件是指由于突发性的污染物质泄漏、排放等行为造成水质瞬间严重恶化，严重威胁城市水源地的环境安全和城市供水安全。因网络对水源地突发污染事件的曝光度较高且范围更广，故采用网络检索的方式进行统计。

表 7-1　2018—2021 年我国城市水源地突发污染事件统计

序号	时间	地点	污染源	事件概况	来源
1	2018-01-17	河南省南阳市	危险废物	人为在河道内违法倾倒废渣，导致河段约 1 km 河道水体呈乳白色，有刺激性气味	中国环境新闻网 http://www.cfej.net/news/xwzx/201804/t20180411_570233.shtml
2	2018-02-02	河南省濮阳市	废酸液	人为倾倒废酸液至沟渠内，导致金堤河水质污染	中国环境新闻网 http://www.cfej.net/gyss/202006/t20200618_785022.shtml
3	2018-02-10	安徽省马鞍山市	正丁醇	含山县常合高速清溪服务区交通事故引发正丁醇泄漏，导致次生环境污染	安徽省生态环境厅 http://sthjt.ah.gov.cn/public/21691/110834071.html
4	2018-03	江西省赣州市	烧碱	工厂在无任何污染防治设施的情况下开工生产，人为造作食物，导致浸泡池内危险化学品烧碱溶液泄漏，造成当地山坑小河严重水污染	中国新闻网 http://www.chinanews.com/gn/2018/12-27/8713530.shtml

序号	时间	地点	污染源	事件概况	来源
5	2018-04-15	安徽省蚌埠市	污水	中粮生化沫河口分厂违法排污造成沫冲引河和三铺大沟水污染	安徽省生态环境厅 http://sthjt.ah.gov.cn/public/21691/110834071.html
6	2018-04-17	陕西省宝鸡市	柴油	车辆油箱漏油，柴油顺着河岸流进河水，污染下游水厂来水，对饮用水造成影响	中国环境 https://www.cenews.com.cn/legal/201911/t20191105_915746.html
7	2018-09-28	安徽省亳州市	硫酸	利辛县南洛高速交通事故引发硫酸泄漏，导致次生环境污染	安徽省生态环境厅 http://sthjt.ah.gov.cn/public/21691/110834071.html
8	2018-10-18	北京市房山区	超标废水	单位自建污水处理设施未正常使用，产生废水直接外排，汇入大石河下段。废水主要污染物化学需氧量、氨氮、总氮均存在不同程度超标排放行为	新京报 https://www.bjnews.com.cn/detail/155153356414422.html
9	2018-11-09	福建省泉州市	工业用裂解碳九	工业用裂解碳九装船过程中发生泄漏，污油向邻近海域移动，空气中出现刺鼻性气味	搜狐 https://www.sohu.com/a/274472136_617731
10	2018-12-06	山西省吕梁市	超标废水	超标废水直排磁窑河，另有大量高浓度废水长期存于渗坑	新京报 https://www.bjnews.com.cn/detail/154406264614933.html
11	2019-02-24	安徽省亳州市	芳烃	交通事故引发芳烃泄漏次生环境污染	安徽省生态环境厅 http://sthjt.ah.gov.cn/public/21691/110833971.html
12	2019-04-18	陕西省延安市	工业废水	利用雨水排放口排放含工业废水污水	延安日报 http://paper.yanews.cn/yarb/20190723/html/page_05_content_003.htm
13	2019-05	江苏省北部	原油	原油运输船发生泄漏	中国知网 https://x.cnki.net/read/article/xmlonline?filename=JSHJ202101012&tablename=CJFDTOTAL&dbcode=CJFD&topic=&fileSourceType=1&taskId=&from=&groupid=&appId=CRSP_BASIC_PSMC&act=&ts=1619143021&customReading=

序号	时间	地点	污染源	事件概况	来源
14	2019-05-27	陕西省延安市	钻井废液	人为非法偷排钻井废液至洛河中，导致洛河富县、洛川部分河段水体污染	延安日报 http://paper.yanews.cn/yarb/20190723/html/page_05_content_003.htm
15	2019-07-12	陕西省宝鸡市	柴油	柴油罐车侧翻，罐体破裂，罐内柴油泄漏进入嘉陵江河道	宝鸡新闻网 http://www.baojinews.com/p/322828.html
16	2019-07-29	安徽省合肥市	危险化学品	长丰县龙门寺高速服务区内发生货车危险化学品泄漏，造成次生环境污染	安徽省生态环境厅 http://sthjt.ah.gov.cn/public/21691/110834071.html
17	2019-08-08	河北省保定市	工业废水	非法开设工厂，将生产加工铁艺的废水未经任何处理直接排放，导致白洋淀上游水污染	和讯 https://m.hexun.com/news/2019-08-22/198303669.html
18	2019-08-16	安徽省合肥市	柴油	肥东县梁园镇合蚌路柴油罐车泄漏次生环境污染	安徽省生态环境厅 http://sthjt.ah.gov.cn/public/21691/110833971.html
19	2019-10-22	广西壮族自治区百色市	重金属	废弃的铅锌矿矿洞流出的污水通过灌溉水渠进入农田，周边两个村子约 40 亩地被弃种，300 多亩农田受影响	新京报 https://www.bjnews.com.cn/detail/157170797815839.html
20	2019-11-15	湖南省永州市	漂染废水	纺织原料有限公司地下管道出现破损和串水，导致染布车间的漂染废水串入雨水管网，排至村内沟渠中	微信 https://mp.weixin.qq.com/s?__biz=MzIwMDUyODExOQ==&mid=2649835903&idx=2&sn=c1be098a9aa46c81ed3fcda479fc11dd&chksm=8efe30e7b989b9f1e555fd3c268dfd94d818e147fc73f9a40d2545b24a23174f85743fdc1944&token=1494457091&lang=zh_CN#rd
21	2019-12-03	浙江省海宁市	印染污水	工业园内印染公司发生污水罐体倒塌，倒塌罐体压倒蒸汽管后引发爆炸，污水流入河中	澎湃新闻 https://www.thepaper.cn/newsDetail_forward_5139877
22	2019-12-05	河南省洛阳市	尾矿渗滤液	中金嵩原黄金冶炼厂向黄河支流排放尾矿渗滤液，导致河水散发着刺鼻性气味	上观 https://www.jfdaily.com/staticsg/res/html/web/newsDetail.html?id=192654

序号	时间	地点	污染源	事件概况	来源
23	2020-02-16	安徽省合肥市	柴油	油罐车侧翻导致柴油泄漏	安徽省生态环境厅 http://sthjt.ah.gov.cn/hbzx/gzdt/stdt/119967141.html
24	2020-03-19	安徽省蚌埠市	油料	油罐车倾覆导致油料泄漏	安徽省生态环境厅 http://sthjt.ah.gov.cn/hbzx/gzdt/stdt/119967141.html
25	2020-03-28	黑龙江省伊春市	尾矿砂	尾矿库溢流井发生倾斜，尾矿砂涌进松花江二级支流，沿河快速下泄，冲破 8 道应急拦截坝	搜狐网 https://www.sohu.com/a/454519136_120126754
26	2020-04-24	河北省邢台市	酸液	自来水出现异常，水质发黄起泡沫并伴有异味，流到地上会腐蚀地面	搜狐网 https://www.sohu.com/a/392309755_120053172
27	2020-05-01	安徽省淮南市	污水	寿县众兴镇等饮用水水源地因上游六安市金安区排污口超标排放污水，导致下游饮用水水源水质污染	安徽省生态环境厅 http://sthjt.ah.gov.cn/hbzx/gzdt/stdt/119967141.html
28	2020-05-22	安徽省宿州市	油污	非法倾倒油污导致清水沟等水质污染	安徽省生态环境厅 http://sthjt.ah.gov.cn/hbzx/gzdt/stdt/119967141.html
29	2020-07-21	四川省南充市	汽油	加油站被洪水淹没，油罐上浮，拉裂连接管线，出现泄漏油情况	搜狐 https://www.sohu.com/a/409095663_732269
30	2020-07-29	安徽省合肥市	柴油	蜀山区油罐车追尾导致柴油泄漏	安徽省生态环境厅 http://sthjt.ah.gov.cn/hbzx/gzdt/stdt/119967141.html
31	2020-09-12	广东省揭阳市	苯酚	危险化学品车辆追尾事故造成苯酚泄漏，导致事故泄漏点附近部分水沟受影响	新浪网 https://k.sina.cn/article_3851546914_e591f12201900rlge.html?wm=3049_0032
32	2020-09-14	安徽省宣城市	污水	宣城大福啤酒有限公司处于长期停产状态，其擅自拆除生产设备导致污水泄漏至周边鱼塘	安徽省生态环境厅 http://sthjt.ah.gov.cn/hbzx/gzdt/stdt/119967141.html

序号	时间	地点	污染源	事件概况	来源
33	2021-01-20	陕西省汉中市	铊元素	嘉陵江流域宁强、略阳段水质监测出铊元素超标	汉中市人民政府 http://www.hanzhong.gov.cn/hzszf/zwgk/yqhy/202101/f11620fa0bef40c88540a892eb603262.shtml
34	2021-02-18	广西壮族自治区南宁市	未知	水源源头被污染导致断水，村民用水困难，日常生活受影响	人民网 http://gx.people.com.cn/n2/2021/0218/c390645-34580411.html

根据网络媒体报道，对 2018—2021 年我国突发污染事件数量进行统计，2018 年共 10 起，2019 年共 12 起，2020 年共 10 起，2021 年共 2 起，总共 34 起。前 3 年平均每年发生突发污染事件 13 起，且突发污染事件的数量呈现逐年递增的趋势。按照不同突发事件污染物种类统计，2018—2021 年，我国污染物为水污染的突发污染事件共 10 起，化学品共 10 起，油类共 9 起，重金属共 4 起，其他和未知分别为 1 起。水污染占污染物突发事件总数的 29.4%，化学品和油类占总数的 29.4%和 26.5%，合计为 85.3%，说明污水、化学品和油类是我国城市水源突发污染事件的主要污染物。按照突发污染事件风险源分类统计，2018—2021 年，我国突发污染事件中，违法排污共 13 起，交通事故共 12 起，生产事故共 4 起，其他共 3 起，污染泄漏共 2 起。违法排污占突发事件总数的 38.2%，交通事故占总数的 35.3%，生产事故占总数的 11.8%，合计 85.3%，这一数据说明违法排污、交通事故和生产事故是我国城市水源突发污染事件的主要风险源。

7.2 深圳市饮用水水源地事故统计

通过网络检索，2018 年至今深圳市饮用水水源地实际发生的各类事故如表 7-2 所示。

表 7-2　深圳市饮用水水源地实际发生各类事故统计

序号	饮用水水源地	时间	地点	事件概况	来源
1	东深供水—深圳水库	2021-02	深圳市龙岗区南湾街道沙塘布村委办公大楼	办公大楼一楼餐馆发生火灾	腾讯 https://xw.qq.com/amphtml/20210223A07DUH00

序号	饮用水水源地	时间	地点	事件概况	来源
2	东深供水—深圳水库	2021-01	深圳市龙岗区南湾街道吉厦村	取暖设备引发大楼发生火灾	新浪 http://k.sina.com.cn/article_6884395497_19a5789e9001010wga.html？wm=3049_0032
3	铁岗水库—石岩水库	2020-11	深圳市宝安区石岩街道塘头社区龙马资讯工业园	企业突发火灾	搜狐 https://www.sohu.com/a/430692868_199708
4		2020-12	南光高速白芒出口匝道	油罐车侧翻	搜狐 https://www.sohu.com/a/441264967_161795

7.3 环境风险评估

7.3.1 风险源识别

深圳市地处我国水资源充沛、经济发达的珠三角地区，总面积为 1 997.47 km^2，但深圳市人口密集，2019 年年末常住人口达 1 343.88 万，且产业众多，经济高度发达，高度城市化让深圳市成为一个严重缺水城市。深圳市建成区面积占比高达 47%，深圳市城区型水库水源地特点突出，水源地多临近建成区或被建成区包围，水源保护区管理难度大。诸如铁岗—石岩水库、东深供水—深圳水库、西丽水库等重点饮用水水源保护区内由于历史沿革等问题存在诸多环境风险，水源保护区内存在大量工业企业、旅游餐饮、加油站、仓储物流等建设项目，也存在果园菜地等农业种植面源，如深圳水库饮用水水源保护区内的大望村、梧桐山村，西丽水库水源保护区内的大磡、麻磡、白芒村等，此外，深圳市饮用水水源地外来引水量大。目前，深圳市重点饮用水水源保护区存在的环境风险主要包括固定源，加油站等危险化学品存储企业和危险废物产生企业因火灾、泄漏或爆炸事故产生的次生环境污染；移动源，交通穿越道路发生意外事故，导致所运输的油品、化学品或者有毒有害化学品泄漏或爆炸等；非点源，从事农业种植的农业用地，暴雨冲刷农田或果园土壤，导致农药、化肥细菌等随地表或者地下径流进入水库；入库河流治污截排工程发生故障，导致废污水不能直排到市政管网，或遇暴雨时，高污染负荷的初期雨水径流超过工程截排能力而溢流进水库；水华灾害，由东江引水带来的氮、磷等营养盐的输入，在水动力条件、光热条件等适宜的情况下，造成总氮、总磷超标和水体富营养化以及水华暴发。

2018 年，全市饮用水水源保护区区划优化调整后，深圳市开展了全市饮用水水源保护区的环境安全现状和环境风险源的调查。通过现场调查的方式统计了全市饮用水水源保护区内工业和企业的数量及类型、治污截污设施、市政道路、医院、加油站和危险品仓储等各类环境风险源，其中，重点调查了高风险的入库河流及相应的治污截污设施，交通穿越道路的监控工作建设和应急防护工程建设情况。

根据《集中式饮用水水源环境保护指南》（环办〔2012〕50 号）等标准文件，利用基础环境调查资料，通过对周围自然地理环境、产业布局及污染源分布进行多种风险因素识别分析，从复杂的环境背景中确定出饮用水水源周围突发性水质污染事件的风险因素和风险类型，对水源保护区内风险源进行风险评估并编制了《深圳市饮用水水源地环境风险防控方案编制指引》，用于指导深圳市饮用水水源地环境风险评估和管控工作的开展，从而为饮用水水源地突发环境事件的防范提供重要依据。

7.3.2　评估方法构建

通过搭建数学模型，综合考虑环境风险物质的健康危害程度指数、源强和距离的影响，归一化计算风险值，并对流动源、非点源、预警监测、应急管理、环境事件发生等维度定性评价，再采用层次分析法形成风险评估指标体系，进而划分饮用水水源保护区的风险等级，科学评估潜在突发环境事件风险。

（1）指标选定

将选定的评价指标形成指标层，将指标按照风险类型、预警监控能力、应急能力、环境事件发生等类别划分为多个指标群，构成准则层。准则层的污染控制水平又隶属目标层，进而形成完整的评价指标体系。

本研究采用德尔菲法，结合风险源识别结果，共设置指标 10 个，其中，表征点源风险的指标包括废水产生企业、危险废物产生企业和社康医院；移动源指标为交通穿越道路；非点源指标为农业用地和治污截污工程，外来引水是水华灾害的主要影响因素。此外，预警监测能够有效预防和减少突发环境事件的发生，应急管理在控制和消除突发环境事件的危害方面，而分析历史环境事件发生情况能够加深对周边风险源的认知，因此，也纳入本指标体系。

（2）指标权重

评价指标体系中各指标的权重利用层次分析法（analytic hierarchy process，AHP）来确定。在专业的层次分析法计算软件 yaahp 10.1 建立“层次结构模型”，生成指标间两两比较的“判断矩阵”，通过“1-9 标度法”，在通过一致性检验后，确定权重。经过计算 CR=0.029＜0.1，则该矩阵结果可靠，满足一致性要求。具体权重值如表 7-3 所示。

表 7-3　风险评估指标体系

准则层	指标层	权重	指标层赋分原则
水华灾害	外来引水量	0.210	年外来引水量/年水资源总量×4 分
点源	废水产生企业	0.026	归一化风险值
	危险废物产生企业	0.031	归一化风险值
	社康医院	0.053	归一化风险值
非点源	治污截污设施	0.151	归一化风险值
	农业用地	0.018	一级保护区农业用地密度=农业用地面积/保护区面积＞0（4 分）；二级保护区农业用地密度≥30%（得分=3+准保护区农业密度）；二级保护区农业密度＜30%（得分=二级保护区农业密度/30%×3+准保护区农业密度）
流动源	交通穿越道路	0.291	①日危险化学品运输车总流量超过 30 辆；②交通穿越道路超 30%路段距离库边距离在 30 m 范围内。同时满足条件 1 和条件 2（4 分）；满足 1 条（3 分）；条件 1 和条件 2 均不满足，但危险化学品运输车辆经过交通穿越道路（2 分）；若无危险化学品运输车辆经过（1 分）；若无交通穿越道路（0 分）
预警监测	预警监测	0.076	未设置预警断面（4 分）；①取水口设置预警断面；②库中投放自动在线监测设备。满足其中 1 条（3 分），满足 2 条（2 分）；入库河流入库口处或治污截污设施出水口处设置预警断面（1 分）；无入库河流（0 分）

准则层	指标层	权重	指标层赋分原则
应急管理	环境应急	0.108	①具有完善的水源地专项突发环境事件应急预案且按时修编备案；②本地物资完全满足《应急保障重点物资分类目录（2015年）》中3.4　污染清理和3.6　其他专业处置类物资配置要求；③每年至少开展1次针对饮用水水源地突发环境事件的应急演练；④具备应急监测能力。上述条件均不满足（4分）；满足1条（3分）；满足2条（2分）；满足3条（1分）；满足4条（0分）
环境事件发生	突发水环境事件	0.035	近3年突发水环境事件发生情况：①特别重大等级（4分）；②重大等级（3分）；③较大等级（2分）；④一般等级（2分）；⑤未发生过（0分）

定量指标和定性指标按不同方式进行赋分，定量指标直接计算结果，定性指标根据4分制原则，从低到高分别赋予0～4分。

然后将各指标赋值乘以各自的权重，所有的项再相加即得到所评价的水源保护区风险值。最终得分在3～4分为高风险，在2～3（含）分为中风险，在1～2（含）分为中低风险，在0～1（含）分为低风险。

环境风险场强度与水源环境风险物质的危害性和释放量以及与风险源的距离有关，可视为环境风险源的环境风险物质的健康危害程度指数（H）、源强指标（Q），计算点与风险源距离（L）的函数。

饮用水水源地环境风险主要通过水系（或流域）扩散，因此，采用线性递减函数构建水环境风险场强度计算模型，结合深圳饮用水水源地地形地质特征，设定最大影响范围为10 km。饮用水水源保护区内某风险源的水环境风险场强度$E_{x,y}$可表示为

$$E_{x,y}=\begin{cases}\sum_{i=1}^{n}Q_iH_iP_{x,y} & 0\leqslant L_i\leqslant 1\\ \sum_{i=1}^{n}\frac{10-L_i}{9L_i}Q_iH_iP_{x,y} & 1\leqslant L_i\leqslant 10\\ 0 & 10< L_i\end{cases}\tag{7-1}$$

式中，Q_i——第i个风险源环境风险物质最大存有量与临界量的比值；

H_i——环境风险物质对环境及人体健康的危害程度指数；

$P_{x,y}$——某环境风险源突发事故概率；

L_i——第 i 个风险源与水源地最近取水口之间的距离，km；

n——水源地某环境风险源的个数。

①环境风险物质源强（Q）。

针对某一风险源，计算该风险源的环境风险物质的最大存在量，求该最大存在量与临界量的比值，即得到源强指数（Q）。当风险物质的数量多于 1 种，则采用式（7-2）计算源强指数（Q）：

$$Q = \sum_{j}^{m} \frac{q_j}{Q_j} \tag{7-2}$$

式中，q_j——每种环境风险物质的最大存在总量，t；

Q_j——每种环境风险物质的临界量，t；

m——环境风险物质的种数。

主要的环境风险物质的临界量取值于《企业突发环境事件风险分级方法》（HJ 941—2018）附录 A，更多环境风险物质的取值可参考相关文献。

②健康危害指数（H）。

按照物质对环境及人体健康的危害程度，将环境风险物质分为三大类，分别是：①剧毒物质，致畸、致癌、致突变物质；②致病物质，如重金属、一般毒性物质，强酸、强碱等工业材料；③一般性污染物质。危害指数（H）取值方法如表 7-4 所示。

表 7-4 环境风险物质分类及危害指数取值

物质类别	代表性物质	危害指数（H）取值
剧毒物质	氰化物、亚硝酸盐、核辐射物质、亚硝胺类、甲醛、苯、甲基汞等	4
致病物质	病原菌、致病病毒、铅、汞、铬、镉、砷等	3
	盐酸、硫酸、磷酸、氢氧化钠、油漆、涂料、树脂等	2
一般性污染物质	氨氮、总磷、化学需氧量、石油类、表面活性剂等	1

③突发事故概率（P）。

根据马越等的研究成果，通过参考大量环境污染事故案例，统计得到各代表性行业的突发事故发生概率，环境风险源突发事故概率采用式（7-3）计算：

$$P = P_{平均} \cdot P_s \cdot P_a \cdot P_p \cdot P_m \tag{7-3}$$

式中，P——饮用水水源地风险源突发污染事故发生概率，量纲一；

$P_{平均}$——行业平均事故概率，量纲一；

P_s——不同类型风险源事故概率，量纲一；

P_a——不同受体事故概率，量纲一；

P_p——不同事故场所事故概率，量纲一；

P_m——不同管理水平事故概率，量纲一。

由此，得到的事故概率是一种统计平均的结果，在实际应用中，可根据历史事故资料进行修正。

7.3.3　饮用水水源地易损性

根据《饮用水水源保护区污染防治管理规定》要求，饮用水水源一级保护区禁止新建、扩建与供水设施和保护水源无关的建设项目；禁止向水域排放污水，已设置的排污口必须拆除；不得设置与供水需要无关的码头，禁止停靠船舶；禁止堆置和存放工业废渣、城市垃圾、粪便和其他废弃物；禁止设置油库；禁止从事种植、放养畜禽和网箱养殖活动；禁止可能污染水源的旅游活动和其他活动。因此，易损性指数 $V_{x,y}$ 分值为 4。

7.3.4　风险值计算

利用式（7-4）进行归一化处理计算，得到风险源突发事故环境风险值：

$$R_{x,y} = E_{x,y}V_{x,y} \tag{7-4}$$

根据水源地风险值大小，可将环境风险划分为 4 个等级，高风险（$3<R\leqslant4$）；较高风险（$2<R\leqslant3$）；中风险（$1<R\leqslant2$）；低风险（$0\leqslant R\leqslant1$）。

除点源采用定量的标准化计算方法，由于交通事故导致危险品泄漏风险较难预测，因此暂不对其进行定量计算，仅对其进行定性分析，流动源风险值为各交通穿越道路风险值的均值。非点源、预警监测和应急管理指标则根据多年深圳市实测资料，也采用定性分析的方法确定其风险值。

根据环境风险评估结果，目前深圳市饮用水水源地风险等级较高的主要有交通穿越道路还有藻华和富营养化。由于铁岗水库、石岩水库、西丽水库、深圳水库、雁田水库、松子坑水库、清林径水库等 12 座水库周边涉及高速路、城市支干路等共 17 条穿越要道，为预防化学品及重大污染物泄漏，以“大概率思维”应对“小概率事件”高度重视穿越道路的隐患整治工作，深圳市组织研究编制《深圳市饮用水水源保护区危险化学品运输管理办法》，明确相关政府职能部门及危险化学品运输企业职责和义务、各水源保护区禁止通行路段，细化危化品运输车辆发生事故时，事故责任单位及辖区政府事故处理办法及流程等内容，对于进一步提高深圳市饮用水水源地的规范化建设管理，提升全市饮用水水源地保护的经济效益、环境效益和社会效益具有重要意义。

7.4 应急能力建设

饮用水水源地应急能力建设包括环境突发事件应急预案编制、修订和备案，应急演练，应对重大突发环境事件的物资与技术储备，应急防护工程设施建设，应急专家库，应急监测能力等方面。在饮用水水源地应急预案体系建设方面，深圳市先后制定了《深圳市突发环境事件应急预案》、《深圳市饮用水水源地水库蓝藻爆发应急预案》、《深圳市饮用水水源地水库蓝藻爆发应急对策》和《深圳市生态环境局突发环境污染事件应急预案》（征求意见稿），以提高涉及饮用水安全突发环境事件的防范和处置能力，避免或减少饮用水突发环境事件的发生。

根据《集中式地表水饮用水水源地突发环境事件应急预案编制指南（试行）》（生态环境部公告 2018 年第 1 号）的要求，各水库所在辖区政府需对辖区内饮用水水源地制定针对突发环境事件专项应急预案，包括应急指挥体系与职责、预防与预警机制、应急处置、后期处置、应急保障和监督管理等，附有相关应急电话、应急响应流程图以及饮用水水源污染、火灾爆炸事故次生污染、交通事故次生污染应急预案等。由于深圳市饮用水水源日常管理职能大多在水务部门，饮用水水源地应急能力建设大多侧重三防，应急预案编制、应急物资配置和应急演练等方面尚没有做到有效应对突发环境事件的发生。因此，为强化饮用水水源地应急管理体系建设，深圳市生态环境局在研究编制了《深圳市饮用水水源地环境风险防控方案编制指引》以后，又相继编制了《深圳市饮用水水源地突发环境事件应急预案工作指引》，根据深圳市饮用水水源地现状和特点，细化了应急预案编制要求，明确了备案流程、修编要求以及应急物资种类和数量、管理更新制度等关键内容，科学规范地提升了深圳市饮用水水源地突发环境事件应急预案管理能力。

在针对交通道路的应急设施建设方面，饮用水水源地应急防护工程主要包含交通穿越道路导流槽、防护栏、排水沟渠及应急池及截排设施等。深圳市饮用水水源地部分穿越道路会同时穿越多个水源地，全市17个水库的27条交通穿越道路实际有33个穿越路段，穿越道路共计约135 km。“十三五”期间，全市饮用水水源地交通穿越道路在防撞栏和视频监控建设方面均比较完善，个别水库应急池建设尚未做到全覆盖。由于没有针对饮用水水源地的交通穿越道路应急池建设规范，穿越清林径饮用水水源保护区的博深高速，其应急设施建设为全市穿越水源保护区交通道路的突发环境事件的风险防控和应急提供了样板。作为深圳市饮用水水源水库的重点交通风险源，博深高速穿越清林径水库水域范围的长度为5 601 m，由于紧邻水库水面，加上道路车流量都较大，一旦发生交通事故、对水库水质和取水影响巨大。为此，通过采取封闭式构造的防护措施，在穿越水域的路面上方设置雨棚（雨棚封闭式构造路段全长2 170 m），并在道路两侧设置双防撞墙和防抛屏风，如图7-1所示，路面径流经收集后不排放至水库，为实时监控交通事故发生情况，第一时间响应应急，道路沿线设有28个监控设施和2处警示标志。

（a）雨棚（外部、内部结构）

（b）防撞墙（外部、内部结构）

（c）非封闭式区域应急防护设施

图 7-1 博深高速公路清林径水库交通穿越路段应急防护设施

7.5 藻华风险控制

由于全球变暖及水体富营养化程度的加剧，拟柱孢藻逐渐由热带、亚热带向温带地区入侵。根据深圳市近年来的水质监测数据，东江供水工程总磷和总氮的超标现象明显，包括茜坑水库、深圳水库等在内的 14 座本地调蓄水库，因外调水比例均在水资源总量的 90%以上，由东江引入的污染负荷给水库带来不同频次的富营养化现象，多座水库由贫营养逐步转为中营养状态趋势明显。根据水质监测数据，深圳市饮用水水源地富营养化易出现在每年的 4—10 月，其主要超标项为叶绿素 a、总氮与透明度。深圳地区优势种主要为微囊藻、假鱼腥藻等蓝藻，而根据近两年深圳市饮用水水源地水生态调查结果显示，拟柱孢藻已经在铁岗水库、松子坑水库、岭澳水库等水库成为优势种。拟柱孢藻与微囊藻不同，不在表面形成浮渣，主要分布于水体中的真光区以下，这无疑增加了藻类控制和取供水的难度。由于优势藻向单一藻相发展，成为绝对优势种，水库水体中浮游植物多样性降低，易发生生态失衡失序而暴发水华，2018—2019 年，茜坑水库频发暴发蓝藻水华事件，部分库湾蓝藻堆积现象，藻华最大面积约 168 万 m^2，最高藻密度达 3.5 亿个/L，随着工程措施的实施，2020 年以后水华发生由全库范围转向局部区域，库湾仍是水华暴发的潜在风险区域并主要集中于来水口大坝附近。

藻毒素在水体中的存在将危及人体和水生生物生命健康，直接导致个体死亡或器官严重受损，而饮用水水源中的藻毒素更是对人民生命安全带来致命威胁。其中，拟柱孢藻毒素（cylindrospermopsin，CYN）具有肝毒性、细胞毒性、遗传毒性、免疫毒性和神经毒性，并具有潜在的致癌性，对内分泌和发育过程也有负面影响，是全球第二常见的藻毒素。同时，CYN 具有水溶性高、在极端温度和 pH 下均可稳定存在，在自然光下比短波紫外光降解更快。自然水体中 CYN 的迁移转化主要涉及水生生物的积累，光降解和生物转化，但此过程效率较低，因此水体中有大量 CYN 持久存在。根据近两年的水生态调查，深圳市饮用水水源水库中对 CYN 的检出率较高，而每年 5 月前后，水库藻密度较其他月份显著增加，其中，入水口藻类密度最大。由于 CYN 的广泛分布，基于其生物富集性和多器官毒性，对饮用水安全和公共卫生构成了巨大威胁。

深圳市饮用水水源的富营养化状况多数为中营养到轻度富营养化状态，已暴发水华的水源地包括深圳水库、雁田水库、茜坑水库、龙口水库 4 座。近年来，受引水水质下降以及内源污染释放等诸多因素的影响，茜坑水库藻类暴发事件时有发生，2018 年 5 月下旬到 6 月初，茜坑水库发生全库蓝藻水华，部分库湾发生表面蓝藻堆积现象。藻类高发危害供水安全及水生态系统，增加底泥淤积和污染，并加重水体富营养化和有机污染，进一步加重蓝藻危害。饮用水水源地藻华的发生与发展受水质、水动力、气象等综合因素的影响，藻华的暴发只是水环境和水生态问题的综合表现，而藻华的管控与治理则需要管理和工程措施系统性推进，为了在水体分层和藻类高发情况下综合改善水库水质，提升供水的安全性，针对藻华风险控制的扬水曝气强化生物水质改善工程，在深圳市饮用水水源地得到了有效应用，茜坑水库采取藻华应急处置（物理打捞）、扬水曝气强化生物水质改善工程和生物操纵——鱼类投放多方式结合，取得了良好的效果。

7.5.1 藻华应急处置/物理打捞

（1）藻类打捞原理

藻水在线分离磁捕技术是基于藻华胶体动力学与磁学交叉融合而发明的新技术，由磁捕平台和磁捕剂两类专利组成。磁捕平台是指藻华胶体动力学与磁分离耦合藻水在线分离工作平台；磁捕剂是指以凹凸棒土等几种天然或工业矿物质材料与“磁种”复配。通过物理化学改性制成的磁性絮凝剂。

藻水在线磁捕技术主要是磁凝聚和磁分离两个过程的耦合。磁凝聚是基于水体污染物（藻细胞等）的加种性，赋予弱磁性或非磁性的污染物具有较强的磁性。具体做法是将磁捕剂投入藻水中，通过粒子或分子之间的亲和性，使藻水中的藻细胞和其他胶体级粒子凝聚，形成具有磁性的聚集体。磁性聚集体在水力学作用下不断发育长大，流经磁分离器时被磁场吸引与水分离。

磁分离技术是借助外磁场的作用，将藻水中有磁性的蓝藻聚集体分离出来的技术。由于水分子无磁性，除蓝藻聚集体因表面张力携带的水分外，吸附在磁饼上的聚集体主要为藻细胞等颗粒污染物。随着磁盘转动，将蓝藻聚集体移出水体进入储藻池，经磁种分离后进入压滤机，将藻泥压滤成藻饼运出，而干净的尾水直接还入湖中，达到藻水连续分离目的。

（2）藻华应急处理设施

①蓝藻应急处理系统，配备一台长 8 m、宽 2.5 m、高 1.8 m 大功率应急除藻泵协同作业，设备置于茜坑水库主坝补水口处，主要作业区域为主坝沿岸水域及两处水库外来供水口。

②蓝藻围隔牵引系统，应用辅助牵引船 2 艘和蓝藻专用围隔 800 m 组成，该系统能快速聚藻，快速清除，缩小蓝藻暴发面积，避免水面藻华扩散。

③车载式蓝藻处理设备，配备一台长 9.4 m、宽 2.5 m、高 2.8 m 藻泥压滤机协同作业，设备置于水库 1 号副坝坝尾处，主要作业区域为 1 号副坝沿岸水域。

④21 m 水上移动式蓝藻磁捕船，磁捕船长 21 m、宽 7 m、高 4.95 m，船上配备藻水在线分离装置，日处理藻水量 3 000 m^3，可及时有效地去除藻华，做到藻水进、藻泥留、净水出，配备于水库交通桥码头位置，灵活机动对库湾、支汊口等区域进行蓝藻打捞处理。

茜坑水库蓝藻应急打捞船见图 7-2。

（3）现场作业情况

现场人员每日利用牵引船、快艇对库区水面进行常态化巡查，及时发现蓝藻局部聚集现象，进行定点清理，避免蓝藻扩散、富集或死亡发臭带来不利影响，对水面枯枝、树叶等漂浮物及时清理、打捞，保证水体清洁。通过不同的作业方式，形成岸基固定、岸基移动、水上移动式相结合的藻华防控、处置体系，尽可能做到茜坑水库藻华处置高效且全面覆盖。压滤后藻泥见图 7-3。

图 7-2　茜坑水库蓝藻应急打捞船

图 7-3　压滤后藻泥

（4）项目费用及运行效果

2018 年 4 月至 2019 年 4 月，茜坑水库有 10 个月出现蓝藻水华现象，2018 年 5 月下旬到 6 月初，茜坑水库发生全库蓝藻水华，部分库湾发生表面蓝藻堆积现象，藻华最大面积约为 168 万 m^2，占全库面积的 79%。项目两年运行期间，通过预警和巡查，及时对蓝藻进行处置，有藻时除藻，无藻时透析库水，消除藻种预防蓝藻大面积暴发。目前，水库仅局部区域出现蓝藻轻微聚集现象，全库无大面积藻华聚集现象发生，有效遏制了库区藻华发生频率及面积。

目前，打捞主要通过现场人员每日利用牵引船、快艇对库区水面进行巡查，发现蓝藻局部聚集现象，才进行定点清理。由于人为观察巡视，判断标准较为主观，打捞具有随机性，不利于水库的水质保障。建议通过加密布点库面监测，科学制定藻密度打捞操作规程，从而控制水库大面积发生藻华风险。

7.5.2 扬水曝气强化生物水质改善工程

（1）工程原理

茜坑扬水曝气强化生物水质改善工程核心部分由扬水曝气单元和空气压缩制备与输送单元组成，如图 7-4 所示。空压机提供的压缩空气经净化、计量后，由输气管分别输送到安装于水库中的各个扬水曝气器。压缩空气在扬水曝气器中形成气弹，推动下部水体上升到表层，表层水体循环到下层，促进上下层水体的循环交换，抑制藻类的生长，增加下层水体溶解氧，抑制沉积物中污染物的释放。顶部放入定制填料，驯化本土菌种，强化水库土著微生物群代谢活性，良好的水体含氧量及流动性提升水库生态系统微生物代谢活性与自净功能，综合实现多种污染物都有一定的去除效果。

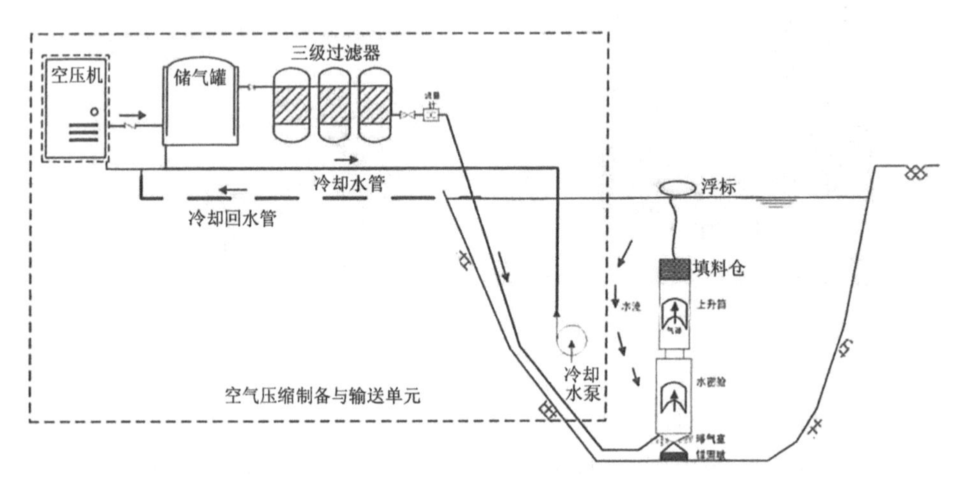

图 7-4　扬水曝气系统工艺流程示意图

（2）应用实施情况

为改善茜坑水库的水环境现状，提升供水安全性，在供水口所在区域进行扬水曝气系统安装。扬水曝气器布置在水库主库区，共 11 台，各台间距为 80 m，如图 7-5 所示。

图 7-5　茜坑水库扬水曝气系统布置平面示意图

扬水曝气器直径为 800 mm，局部直径为 2 100 mm，高度为 8 m；不锈钢制作。扬水曝气器底部进口距库底 1.5～2.0 m，底部设锚固墩锚固于库底，依靠自身浮力垂直淹没于水中，设计使用年限为 20 年。单台扬水曝气器的供气量为 6.5 m^3/min，日循环水量为 11.3 万 m^3/d，充氧量为 90～95 kg/d。

（3）效果评估

该工程改善效果显著，具体表现在实现水库热分层消除，水库底层厌氧层消失，水体 DO 得到显著提升；表层藻类被输送到中下层，中下层的光可利用性大幅减弱，因而抑制了藻类的生长，使藻密度明显下降。一方面底部溶解氧含量大幅提升，抑制了沉积物污染释放；另一方面水体流动性和含氧量得到改善后，水体自净能力也得到了加强，有利于污染物削减，对沉积物中 Fe 和 Mn 的释放抑制明显，TP 等其他污染物也得到了不同程度的削减。

7.5.3　生物操控——投放鱼类

（1）工作原理

水生物操控技术分为经典生物操纵技术和非经典生物操纵技术。经典生物操纵技术通过放养肉食性鱼类消灭浮游动物食性鱼类，重构鱼类群落，充分促进浮游生物对蓝藻的捕食作用。在蓝藻水华持续时间较短的温带湖泊里，清除浮游动物食性鱼类能促进大型枝角类动物如水蚤对浮游植物的捕食作用，但随着肉食性鱼类繁殖，轮虫等浮游生物受到肉食性鱼类攻击强度会逐渐升高。非经典生物操控技术利用大型浮游动物对藻类的摄食率通常比小型浮游动物要高的特点，滤食性鱼类将大量浮游植物吸入口腔的同时能显著降低水体中藻毒素的质量浓度。我国学者通过对武汉东湖的长期调查和研究证实，鲢鱼可以作为富营养化水体的操控生物，来控制蓝藻的生长。

（2）应用情况

茜坑水库从 2019 年开始每年投放一定数量的鲢鱼，每年一次性投放，定期捕捞。见表 7-5。

表 7-5　投放鱼类情况

种类	2019 年	2020 年	2021 年	备注
白鲢/条	156 800	10 052	4 605	体重＞150 g
花鲢/条	1 500	1 308	812	
合计	158 300	113 060	5 417	

（3）改善效果及存在的问题

经过投放鱼苗后，通过监测发现水库藻类减少并不明显。分析原因有以下几点。

①鱼类投放数量过少

根据相关文献鲢鱼的放养密度达到 50 g/m^3 就能控制蓝藻水华的发生，茜坑水库库容按 1.8×10^7 m^3 计算，则需投放 900 000 kg 鱼苗才能起作用。目前，投放数量远不足控藻要求，因而作用有限。同时，根据茜坑水库其他研究结果表明，水库鱼类种类和数量上均以凤尼罗罗非鱼和凤鲚为主要优势种，鲢鱼并未出现在优势种中，同样说明投放数量不足。

②健康生态系统形成所需时间较长

生物操控产生明显的水华防治效果需要的时间较长，对局部水华发生不具有显著防治作用，可控性较差。研究认为，生物操纵只在短期内有效，部分营养盐会再循环并被后续的光合作用再利用，大型浮游动物的摄食只能使藻类的生物量暂时减少。而且许多蓝藻难以被浮游动物摄食，并产生藻毒素，从而难以建立大型浮游动物的种群，使控藻效果不明显。

③缺乏专业管理

生物操控技术生态性强，需要专业技术人员维护运营，需要坚持监控来水、库区水体水质、鱼类变化和藻类变化等。目前，只有投放一定鱼苗，水库只是监管有无死鱼现象，而取得优良的效果应该对水库生物操纵的过程进行动态评价，以实现管理目标为基础，从而制订出详细的工作计划。如及时调整食藻性、肉食性鱼类的比例等措施。

④生物操控作用尚有争议

一般来讲，放鱼净水是基于“藻类除盐，以渔抑藻，捕鱼出库，生态净水”的原理，用于轻度营养化的湖库水体的生态降盐措施。关于放养鲢鱼控制蓝藻水华的同时对水体富营养化的影响是近年来学者关注与争论的焦点问题。有研究表明，投放鲢鱼可通过消化作用将部分饵料转变成鱼产品，造成营养盐的“短路”现象，加速水体氮、磷的利用进程，并最终将营养盐以鱼产品的形式移除，导致水体营养盐浓度的降低。但只有外界环境温度较高，浮游植物以群体蓝藻占优势，大型枝角类不占优势时，放养鲢鱼能达到净化水质的作用。对于茜坑水库而言，外源负荷较大，处于中高营养状况且蓝藻并未处于绝对优势。投放鲢鱼是否有效果需进一步分析。另外，由于鲢鱼对微囊藻的同化率较低，被初步消化后以粪便形式排出的有机质含量远大于被吸收和同化的有机物含量。鱼粪离体后，被细菌等微生物分解，其中，约有53%的氮及51%的磷纳入水体溶解性盐类的组成中。鲢鱼在10天之内排出的粪便重量可等于其自身的重量，而这些粪便所释放的有机物和营养盐，将对水体水质产生负面影响。

7.6　小结

目前，国内华阳、地溪水等各地均出台了饮用水水源地风险防控方案，主要从制度保障角度提出相应的管理要求。饮用水水源地环境风险防控方案的出台需要经过基础信息调查、环境风险识别、环境风险评估和风险防控措施制定等一系列环节。做好风险防控体系建设，需要明确环境风险源类型，采取针对性方法进行风险评估。深圳市饮用水水源地面临的环境风险源复杂多样，因此，做好深圳市饮用水水源地环境风险源分析，明确环境风险评估方法，划分风险等级，因地制宜、精准施策，才能真正提高饮用水水源地风险防控和环境管理水平，有效预防饮用水水源地突发环境事件的发生。因此，为保证深圳市饮用水水源安全，对深圳市饮用水水源地环境风险防控提出以下几点建议：

建立深圳市饮用水水源保护区风险源名录并更新完善机制，探索建立风险和突发应急管理的综合系统，集成风险源分布、行业事故概率、污染物危害性、源强临界值等各类环境基础信息，通过搭建环境风险计算模型模拟突发环境事件现场，实现对突发事件造成水环境污染事故的预测。

构建污染源、水质安全和水厂“三位一体”的饮用水水源安全预警体系。实施饮用水水源地在线监测，建设并完善重点污染源在线监控、城市饮用水水源地的监测网络，加强饮用水水源地污染物的监控，科学、及时、有效地监控预警和应对突发性水污染事件。在应急管理方面，应健全突发性环境事件的应急演练制度，明确应急仓库和专项应急物资标准要求，建立全市饮用水水源地应急物资调度体系，组织应急技术培训和应急处置演习，提升应急实战水平。

针对外来引水营养盐含高背景值的问题，以削减外源输入的来源和途径入手，探索建立基于水质和水量的灵活科学的调度方案，探索在调蓄水库入库口搭建水质净化工程。同时，将水生态纳入水环境常规监测，研究构建相关水生态评价体系，推动饮用水环境质量向水生态健康转变。

第8章

饮用水水源地规范化建设

为保护饮用水水源地安全，国家出台了一系列法律法规和环境标准，着重加强饮用水水源地环境管理的顶层设计，如《中华人民共和国环境保护法》、《中华人民共和国水法》、《饮用水水源保护区污染防治管理规定》和《地表水环境质量标准》（GB 3838—2002）等，其中，《中华人民共和国水污染防治法》，于1984年颁布，2008年首次修订，2017年再次修订。“水十条”设定了明确的短期和长期目标，并将责任具体到每一个相关的行政部门。2017年，再次修订的《中华人民共和国水污染防治法》还专门设置了饮用水水源保护专章“第五章　饮用水水源和其他特殊水体保护”，有多个条款涉及饮用水安全和供水应急工作。围绕饮用水水源保护区制度，党中央、国务院又相继印发了《关于进一步加强饮用水水源保护和管理的意见》（水资源〔2016〕462号）和《关于印发全国集中式饮用水水源地环境保护专项行动方案的通知》（环监〔2018〕25号）等多部政策文件，通过“划、立、治”多措并举，指导规范化建设工作，确保群众喝上放心水。具体情况如表8-1所示。

表8-1　国家、省、市饮用水水源相关政策法规和技术规范

法律法规	政策文件	技术规范
《中华人民共和国环境保护法》(2015年1月1日起施行)	《国务院办公厅关于加强饮用水安全保障工作的通知》（国办发〔2005〕45号）	《集中式饮用水水源地规范化建设环境保护技术要求》（HJ 773—2015）
《中华人民共和国水法》(2016年7月2日修正)	《国务院关于印发水污染防治行动计划的通知》（国发〔2015〕17号）	《集中式饮用水水源地环境状况评估技术规范》（HJ 774—2015）
《中华人民共和国水污染防治法》（2018年1月1日起施行）	《关于进一步加强饮用水水源保护和管理的意见》（水资源〔2016〕462号）	《饮用水水源保护区划分技术规范》（HJ 338—2018）
《饮用水水源保护区污染防治管理规定》(2010年12月22日修正)	《关于印发全国集中式饮用水水源地环境保护专项行动方案的通知》（环监〔2018〕25号）	《饮用水水源保护区标志技术要求》（HJ/T 433—2008）
《广东省饮用水水源水质保护条例》(2010年)	《广东省人民政府关于印发广东省水污染防治行动计划实施方案的通知》（粤府〔2015〕131号）	《地表水环境质量标准》(GB 3838—2002)
《深圳经济特区饮用水水源保护条例》(2018年修正）等	《关于全市决战决胜污染防治攻坚战的命令》（2020年第1号）等	《全国重要饮用水水源地安全保障评估指南（试行）》（2015年4月）
—	—	《地表水环境质量评价办法（试行）》（环办〔2011〕22号）
—	—	《集中式地表水饮用水水源地环境应急管理工作指南（试行）》（环办〔2011〕93号）等

开展饮用水水源地环境状况评估的标准文件主要是原国家环境保护部印发的《集中式饮用水水源地规范化建设环境保护技术要求》（HJ 773—2015）和《集中式饮用水水源地环境状况评估技术规范》（HJ 774—2015），上述技术规范对集中式饮用水水源保护区的环境保护和规范化建设作出了明确要求。

国家标准评估体系在定量评价我国饮用水水源地环境状况具有很高的科学性和兼容性，在用于评价深圳市各饮用水水源地环境状况方面存在一定的不足：

①面向全国范围内的饮用水水源地，管理目标和要求较为宏观和笼统；

②管理对象包括湖库型和河流型水源地，对于深圳市主要以湖库型水源地的情况来说，开展环境评估的针对性和环境保护的指导性并不强；

③未设置三级指标和配套的评价计算方法，导致评估结果不能较好地将各个水库的环境状况等级区分开。

基于以上情况，深圳在《集中式饮用水水源地环境状况评估技术规范》（HJ 774—2015）的基础上，结合深圳市实际情况，编制了《深圳市饮用水水源地环境状况评估指标体系》，通过增设三级指标，同时优化考核内容和计算方法，以贴近深圳市饮用水水源地实际情况和管理目标。

8.1 国家饮用水水源地环境状况评估指标体系

国家标准评估体系包括 3 个一级指标和 13 个二级指标，适用于单个集中式饮用水水源环境保护状况和城市集中式饮用水水源地环境保护总体状况的评估。

单个饮用水水源地的环境保护状况评估计分（SWES）是取水量保证状况（WG）、水质达标状况（SQ）和环境管理状况（MS）单项得分加权计算后得到的总和，计算公式如式（8-1）所示：

$$\mathrm{SWES} = \mathrm{WG}\times 0.1 + \mathrm{SQ}\times 0.6 + \mathrm{MS}\times 0.3 \qquad (8\text{-}1)$$

式中，集中式饮用水水源地环境保护状况评估指标体系及权重见表 8-2。

取水量保证状况（WG）、水质达标状况（SQ）和环境管理状况（MS）各自独立评估，评估结果的分级方式相同，评估分值与结果对照见表 8-3 和表 8-4。

表 8-2　集中式饮用水水源地环境保护状况评估指标体系及权重

目标层	指标名称	权重	指标名称	分权重
集中式饮用水水源地环境保护状况评估指标体系（SWES）	取水量保证状况（WG）	0.1	取水量保证率（WGR）	1.0
	水质达标状况（SQ）	0.6	水量达标率（WSR）	0.7
			水源达标率（WQR）	0.3
	管理状况（MS）	0.3	保护区划定（PD）	0.10
			保护区标志设置（PS）	0.05
			一级保护区隔离防护（PF1）	0.10
			一级保护区整治（PCR1）	0.10
			二级保护区整治（PCR2）	0.10
			准保护区整治（PCQR）	0.05
			监测监控能力（WM）	0.10
			风险防控（RMR）	0.15
			应急管理（EME）	0.15
			管理措施（MSR）	0.13

表 8-3　分类评估分值与结果对照

序号	评估分值	评估结果
1	（WG、SQ、MS）≥90	优秀
2	60≤（WG、SQ、MS）＜90	合格
3	（WG、SQ、MS）＜60	不合格

表 8-4　综合评估分值与结果对照

序号	评估分值	评估结果
1	SWES≥90	优秀
2	80≤SWES＜90	良好
3	70≤SWES＜80	合格
4	60≤SWES＜70	基本合格
5	SWES＜60	不合格

8.2 深圳市饮用水水源地环境状况评估指标体系

从2012年开始，深圳市开展饮用水水源地环境状况评估研究工作，在此过程中不断发现问题，总结有效的经验，逐渐形成了深圳市饮用水水源地环境状况评估指标体系，其独特之处主要体现在：

第一，科学性。根据全市饮用水水源地自身特点以及规范化建设的目标要求，制定合理的评价指标体系，重点考察能表征各饮用水水源地规范化建设工作目标与成绩的评价指标。

第二，综合性。指标要求对全市各饮用水水源地进行综合性评价，指标的设定能全面反映全市饮用水水源地保护管理工作存在的问题，不仅考虑自然因素对水源地的影响，还应考虑城市发展对饮用水水源地的影响。

第三，导向性。指标的设定应体现出评价体系的应用价值，为全市饮用水水源地的环境保护和管理工作提供理论支持。

第四，可行性。指标要求满足简洁、便于操作和突出重点。由于部分指标在收集数据过程中可能存在困难，所以指标体系需要选择代表度高、可操作性强、可量化的指标进行修正调整，以便保证评价结果的稳定性和可靠性。

深圳市饮用水水源地环境状况评估指标体系明确了饮用水水源水量与水质以及水源地管理状况及变化趋势评估的技术方法，包括3个一级指标、12个二级指标和35个三级指标，适用于单个饮用水水源地环境保护状况和全市饮用水水源地环境保护的总体状况的评估。具体指标分值如表8-5所示。

单个饮用水水源地环境保护状况评估计分是取水量保证状况、水质达标状况和环境管理状况单项得分加权计算后得到的总和，计算公式如式（8-2）所示：

$$总评分=取水保证状况\times 0.08+水质达标状况\times 0.31+管理状况\times 0.61 \quad (8-2)$$

表8-5 深圳市饮用水水源地环境状况评估指标体系

序号	一级指标	二级指标	三级指标	权重
1	取水量保证状况	取水量保证状况	取水量达标状况	0.08
2	水质达标状况	水质达标状况	水质类别达标状况	0.15
3			富营养化状态达标状况	0.15
4			入库河流水质改善	0.01

序号	一级指标	二级指标	三级指标	权重
5	环境管理状况	保护区划分	保护区划分	0.025
6		保护区标志	界标设置	0.03
7			警示牌设置	0.015
8			宣传牌设置	0.015
9		一级保护区隔离	一级保护区土地移交	0.015
10			隔离防护设施	0.025
11		一级、二级保护区整治	建设项目整治	0.02
12			排污口整治	0.02
13			网箱养殖整治	0.02
14		准保护区整治	废水达标排放企业率	0.03
15		面源污染整治	加油站整治	0.01
16			汽修厂整治	0.01
17			菜市场整治	0.01
18			垃圾转运站整治	0.01
19			农业种植整治	0.01
20			畜禽养殖整治	0.01
21		预警监控	预警监测设施设置	0.025
22			预警监测实施情况	0.015
23			在线监测信息接入状况	0.02
24			视频监控接入共享状况	0.04
25		风险防控	风险防控方案编制	0.04
26			应急防护工程建设	0.02
27			治污截污工程建设	0.015
28		应急能力	应急预案编制与备案	0.015
29			突发事故有效应对	0.01
30			应急物资储备	0.02
31			应急演练开展	0.022 5
32		管理措施	“一源一档”建设	0.022 5
33			环境问题整改	0.05
34			资金保障	0.01
35			年度环境状况自评估	0.01

从评估范围来看，国家指标体系由于面对的对象是整个全国范围的饮用水水源地，需要考虑各个省（市）和行政区的经济发展状况、饮用水水源地自然条件以及人口分布等情况，因此，评价标准比较宏观。

从评估对象来看，国家指标体系针对的行政区域内，其评估结果可综合反映深圳市饮用水水源地普遍存在的共性问题，却不能有效地反映深圳市各饮用水水源地环境状况和规范化建设存在的个性问题，更不能为有针对性地解决各个水库在饮用水水源地环境保护工作存在的不足提供量化依据和强有力的抓手。

从指标权重来看，由于水质和水量是饮用水水源环境保护和安全保障的出发点和落脚点，国家指标体系更注重水质和水量的保障情况，而深圳市依靠多年的污染整治、优化供水布局等多项举措的实施，水质和水量已能实现稳定达标，因此，深圳市在饮用水水源地规范化建设方面的需求更侧重管理目标导向，国家体系对深圳市饮用水水源地环境管理工作指导意义则十分有限。

从评估水源地类型来看，国家指标体系包括湖库型和河流型水库，而对于深圳市饮用水水源大部分外调但又划分为湖库型饮用水水源地、数目众多且建成区环绕的复杂情况适用性不是很强。

而深圳市饮用水水源地的环境状况评估指标体系以发现问题、加强管理为目标导向，充分适配深圳市饮用水水源地基础条件，在紧跟国家对饮用水水源地环境保护工作的政策指引下，充分贴合深圳市饮用水水源地管理需求，不仅有三级指标还将指标的计算方式方法细化量化，一方面可以更加清晰、直观地看到深圳市保护区的界标设置、预警监测设施设置、预警监测设施实施、监测设施共享、风险防控方案编制、应急物资储备及应急演练开展存在的明显不足；另一方面深圳市指标评价体系充分结合了饮用水水源地实际情况、环境治理进程和环境基础设施建设等情况，对全市存在的“瓶颈”问题和个别水库存在的突出问题均在指标设置和计算方法中有所响应和体现，既可以对饮用水水源地环境保护工作的成效进行综合性评价，也可以对饮用水水源地环境管理过程和进度进行考量，为引导制定全市饮用水水源地保护管理工作和规范化建设工作指引提供了重要依据。因此，开展环境状况评估和规范化建设评估体系研究工作，层层推进解决饮用水水源地环境管理工作的重、难点问题，可以有效助力深圳市饮用水水源地环境状况及规范化建设迈向新台阶，充分发挥深圳市在全国饮用水水源地规范化建设方面的先行引领作用。

为了提升深圳市饮用水水源地环境状况评估工作效率，为将饮用水水源地规范化建设工作进行归一化、数字化、可视化处理，以数据库的形式存储，以深圳市饮用水水源地环境状况评估指标体系为基础，充分利用大数据智能分析、计算技术手段，构建深圳市饮用水水源地环境状况评估数据库，内容包括水质水量动态信息、环境问题整治情况、标志标牌分布、隔离围网建设情况、风险源分布、应急能力建设情况等；在数据库构建的基础上实现的功能模块应包括水质水量在内的数据抓取、治污截污设施、应急防护工程和风险源动态信息的可视化展示，以及标志标牌分布、隔离围网建设情况的地图展现等功能。可供水库管理单位上传数据，实现市、区环境状况评估信息一体化、双向互通，进一步提升水源地环境状况评估数据信息采集效率，同时，为饮用水水源地保护管理工作的政策策略的制定提供有效技术支撑。

8.3　实践与经验

对饮用水水源地保护事关人民群众的切身利益和经济社会发展的格局，既是重要的民生问题，也是落实国家生态文明建设部署的重大政治问题。近年来，党中央高度重视饮用水水源地保护工作，先后在生态文明建设、最严格水资源管理、水污染防治行动计划等国家重大决策层面对饮用水水源地保护工作提出明确要求。饮用水水源地规范化建设和科学管理，是饮用水水源保护的根本目标，也是确保水源水质、水量安全的重要措施。深圳作为我国改革开放的排头兵，如何有效保障水源地安全，协调水源保护与社会经济发展的关系，对于全面纵深推进“双区”建设具有重要战略意义，在此历史背景下，饮用水水源地的规范化建设与管理也发扬了先行先试的精神，探索出了一套极具深圳特色的规范化建设实践。

深化改革创新，完善饮用水水源法规标准。深圳市根据经济社会和环境全面协调可持续发展的原则先后制定并适时修正了《深圳特区环境保护条例》及《深圳经济特区饮用水水源保护条例》；于 2021 年 1 月推动《饮用水水源保护区标志设置技术指引》（DB4403/T 136—2021）作为全国首个水源保护区标志设置地方标准发布实施；于 2021 年 9 月 1 日起实施《深圳经济特区生态环境保护条例》。此外，制定深圳市首个水源保护区划分和优化调整细则，印发实施《深圳市人民政府关于规范饮用水水源保护区划分和优化调整工作的通知》和工作细则。法规政策助力水源管理部门履职，进一步提升饮用水水源地生态环境质量。

率先成立专职管理部门。2019 年 5 月，深圳市在全国率先成立深圳市饮用水水源保护管理办公室（以下简称市水源办），负责全市饮用水水源保护管理、饮用水水源保护专项行动、饮用水水源保护区巡查、饮用水水源突发环境事件应急处理等工作，协调各区政府和环保、规自、水务、城管、交通、公安、气象等相关职能部门落实饮用水水源保护责任，实现“市、区、街道”三级联动，形成对饮用水水源保护合力。

明确水源保护工作职责。对照《中华人民共和国水污染防治法》等 9 部法律法规和规范性文件共 561 条条款，参照集中式饮用水水源地规范化建设技术要求等 15 部技术规范、政策指导文件、指导性指南和标准，梳理生态环境部门饮用水水源保护职责。同时，根据法律法规和市级各部门“三定”职责，明确涵盖市、区党委和政府、12 个市直部门共 68 项有关饮用水水源保护工作分工，强化饮用水水源协同保护责任。

严格落实饮用水水源考核。承担全国文明城市创建、“水十条”、“十四五”国考断面、省考暨污染防治攻坚战、水功能区、省河长制与湖长制等国家、省级考核，研判失分风险，沟通考核优化。建立生态文明考核、市责考暨污染防治攻坚战、市河长制与湖长制、政府系统绩效评估、健康城市建设等市级考核体系，以考核为抓手，细化落实饮用水水源保护工作。

稳步推进规范化建设。每年度开展的饮用水水源地环境状况评估，都会紧密围绕取水量保证、水源达标、环境管理三大核心，对标国家级饮用水水源地环境状况评估指标体系，构建深圳特色评估指标体系并绘制“十二维”雷达分析图，深入剖析深圳市饮用水水源地的共性、个性问题，形成要素完备、定性指导的饮用水水源地“一源一档”“一源一策”，有针对性地制定饮用水水源地突发环境事件应急预案、风险防控方案、环境档案管理、规范化建设环境保护工程等指引文件，补齐补强短板弱项。2021 年，深圳市率先发布实施全国首个水源保护区标志设置地方标准，强化水源地精细化管控。2018—2023 年，深圳市饮用水水源地环境状况评估的结果均为“优秀”。

提升水质监控能力。深圳市环境监测中心站主要承担深圳水库和雁田水库的水质常规监测任务，深圳市水文水质中心、广东粤港供水有限公司也会开展日常监测。此外，广东省水利厅、深圳市生态环境局和广东粤港供水有限公司在深圳水库各设立了1套水质自动在线监测设备，广东粤港供水有限公司还配套在深圳水库建立了水文遥测系统、水库运行信息系统和原水水质预警平台，在雁田水库建立了水文遥测系统和原水水质预警平台，用于水质预警及水量调度。同时，为进一步掌握深圳市饮用水水源地及其保护区的水质状况，提高深圳市饮用水水源地水质监测水平，生态环境部门与水务部门建立了水质管理联动机制，对饮用水水源地开展常规监测、补充监测和加密监测，现场排查前置库、生态库、缓冲库等非流动水体情况，完善水源地水环境自动监测站点，持续采集水质监测信息，并每季度定期通报水质类别和水质达标率数据，及时分析水源地水质异常的原因，保障饮用水水源水质安全。

严格开展巡查与交办。通过“车巡+步巡+无人机航巡+卫星遥感解译”“空天地”一体化方式，开展全市饮用水水源保护区全覆盖巡查，建立“市、区、街道”三级联动机制，形成饮用水水源地环境风险隐患问题“现场交办+App交办+发文交办”多元处理新模式，实现了“巡查—交办—复核—督办—销号”全闭环管理的同时，也开展了专项“雨季行动”，排查与整治各类隐患，及时消除饮用水水源保护区环境风险隐患，有效降低面源污染风险，切实保障饮用水水源水质安全。在整治水源保护区工业企业方面，根据污染防治攻坚战工作部署，结合现场调查项目成果，筛选全市饮用水水源保护区工业企业清单，预判整治任务，制定整治标准。同时，结合流域管理要求和排污许可证清理整顿专项工作要求，一企一策，指导、协调辖区管理部门多层次开展水源保护区工业企业分类整治，控源截污，切实保障饮用水水源水质安全。

部署“雨季行动”专项行动。针对深圳市雨季独有的特性、饮用水水源水环境保护突出重点，每年自4月开始部署为期6个月的饮用水水源保护专项工作。按照准备、行动、总结“三步走”的工作模式，印发“雨季行动”专项工作方案，建立工作联络机制和气象信息共享机制，联动各区政府、各相关单位开展饮用水水源保护“雨季行动”专项工作，重点对入库河流、面源污染、点源污染、交通环境风险隐患、专项行动整治成果“回头看”和应急能力建设等8个方面开展隐患排查与整治工作。2019年以来，通过开展“雨季行动”专项工作，削减面源污染成效显著；坚决清理整治违法建设项目、违法排污口，点源污染排查整治进展大；全面排查整治标志牌损坏、标线缺失、防护栏破损等问题，加强危运行业安全检查，严格管控交通穿越风险；排查整改污水入河或外溢等问题，清理流域、河道垃圾，严防入库河流水质下降。

强化水源地水质管控。通过实施东深供水—雁田水库饮用水水源保护区及东江上游污染源动态调查，摸清东江上游污染源类型、分布情况及动态变化趋势，加强防范“外来”污染源；对水库水体、底泥进行内源污染风险评估，分析入库河流面源污染负荷和水库环境容量，调查研究饮用水水源地的营养化状况并构建水库富营养化预警预报模型，严格管控“内生”污染物。结合实施一系列水质管控举措，为制定全市饮用水水源地水质提升措施提供基础信息。

开展水土保持与生态修复。为改善生态环境、减少入库泥沙、涵养水源、维护饮水安全、防止崩岗崩塌、减轻山地灾害，深圳市拟在公明水库、铁岗水库、长岭皮水库、清林径水库、铜锣径水库、松子坑水库 6 座主要饮用水水源水库一级水源保护区范围内实施水土保持生态修复，开展了全市饮用水水源水库流域水土保持生态修复工程（一期），主要包括退化林地生态修复、鱼塘菜地等生态修复、裸露边坡等生态修复、绿化修复、崩岗生态治理等。

实施水生态调查评估。深圳市全面落实国家和省关于“十四五”水生态环境保护的决策部署，以改善水生态环境质量为核心，统筹水资源、水生态、水环境等要素，系统开展深圳市饮用水水源地水生态环境本底现状及保护成效评估工作，建立涵盖水质、生境和水生生物的全面水生态监测评价技术方法，健全了深圳市湖库水生态环境数据档案，摸清水库生态系统家底。同时，延伸水生态调查成果，制定深圳市水生态环境监测方案，形成具有深圳市特色的饮用水水源地水生态评价指标体系，助力水源地水质目标管理向水生态目标管理转变。

深化新污染物管控研究。系统性对饮用水水源水环境中新污染物的赋存特征及主要来源进行分析，前瞻性地对主要水源水库及入库支流新污染物开展生态风险和健康风险评价，为生态环境标准的制订及国家新污染物治理行动方案的出台提供了理论依据和技术支撑；坚持源头风险防控，致力于推动建立健全生态环境健康风险识别和风险评估以及风险管控制度，研究编制出台了《深圳市环境健康管理试点工作方案（2024—2026 年）》，并成功申报和获批“2023 年国家环境健康管理试点”。为发挥中国特色社会主义先行示范区优势和示范引领作用，率先将新污染物防控纳入各级政府规划及工作方案中，包括《深圳市新污染物治理工作方案》《深圳率先打造美丽中国典范规划纲要（2020—2035 年）》《深圳市人居环境保护与建设“十三五”规划》《深圳市生态环境保护“十四五”规划》，为超大型城市新污染物防控提供了宝贵的“深圳经验”。

完善水质预警预报机制。在饮用水水源水质信息数据汇聚的基础上，建立生态环境部门与水务部门水质管理联动机制，并将数据落实到深圳市城市运行监测、市域时空信息平台（CIM 平台）等市级平台。通过构建饮用水水源管理系统、环境质量分析系统、突发风险事故和水质预警预报等智慧系统，采用系统模型、AI 识别、VR 电子沙盘、智能预警预报等先进技术，不断提升饮用水水源保护信息化水平，实现水源地保护与数字化转型、云监管模式的深度融合。

实施水源地水质保障工程。水质保障工程的建设是深圳市率先提出的饮用水水源创新性举措，通过“物理隔离”和“分类使用”，按照 50 年一遇的截排标准，高质量推动饮用水水源保护区水质保障工程建设，进一步削减入库污染，促进水库周边片区经济生态效益“双提升”。市政府高位推动，并发布了《关于深圳市饮用水水源保护区优化调整事宜的通知》，该通知明确了各项水质保障工程的实施计划，并连续 3 年将水质保障工程纳入市水污染治理建设计划和治污保洁工程任务两个市级考核平台，压实主体责任，严格考核制度；生态部门定期巡查、全程跟进，编制“一工程一档案”的动态档案、简报及工程图集，每月向工程责任单位通报工程进展，推动水质保障工程建设。水质保障工程的实施带来的水质改善为片区的饮用水安全和高质量发展提供了坚实的生态环境基础。以总磷入库污染负荷为例，西丽水库本地入库污染负荷由 2019 年的 19%降低至 2021 年的 4%，铁岗水库本地入库污染负荷由 2019 年的 37%降低至 2021 年的 19%，石岩水库本地入库污染负荷由 2019 年的 37%降低至 2021 年的 4%。

强化农村饮用水水源安全保障。深圳市高度重视农村饮用水水源地环境保护，以“划”为前提，推动完成深汕特别合作区乡镇级饮用水水源保护区划定；以“立”为基准，按照饮用水水源保护区标志设置技术要求，更新并规范深汕特别合作区 5 座水库标志标牌设置；以“治”为抓手，全面完成“千吨万人”饮用水水源地环境问题。同时，通过“现场巡查+执法检查”工作模式，及时发现制止涉水源违法违规行为，落实饮用水水源地“雨季行动”专项工作，切实保障农村饮用水水源水质安全。

组织全民参与水源保护。引导公众参与饮用水水源保护工作，深圳市举办了“薪火相传 • 饮水思源”主题系列活动，其中，包括 14 次水源地健步行，累计邀请超过 1 000 名市民朋友走进水源保护区，共享饮用水水源保护成果；在学校和校外机构组织 8 次主题课堂，组织编制了青少年饮用水水源系列教材，从青少年着手，从小培养水源保护力量，树立“绿水青山就是金山银山”理念；组织 2 次东深供水工程重要节点现场参观活动，通过了解历史，进一步提升参与饮用水水源保护工作的志愿义工的成就感和使命感；筹办第一届饮用水水源保护音乐会，探索水源保护和音乐的跨界结合，受到社会广泛关注和好评；拍摄 5 部水源工作者系列微短剧，利用节日效应，吸引超过 10 万人观看，通过展示身边人身边事，感召更多人投身饮用水水源保护工作；开展我为“水源保护代言”H5 线上接力，20 小时内超过 10 000 名市民朋友线上宣誓成为水源保护代言人，大幅提升了市民朋友的参与感。借助 VR 全景导览，“我在水源保护区”小程序凭借“精美的 UI 界面、时尚的节日皮肤、方便快捷的操作”吸引了 31 976 名活跃用户，拥有了一定的群众基础和社会影响力。中国环境报称为“全国首次探索市民义务巡查水源地的新模式”，有助于构建饮用水水源全民行动体系。

加强能力建设，完善饮用水水源监管制度。2021 年 7 月 29 日，深圳市正式印发《深圳市“三线一单”生态环境管控分区方案》（以下简称《方案》）、《深圳市环境管控单元生态环境准入清单》（以下简称《清单》）。《方案》在全市陆域共划定 220 个环境管控单元，其中，以生态环境保护为目标的优先保护单元 91 个，涵盖了深圳市全部饮用水水源一级保护区和二级保护区。《方案》在“全市总体管控要求”中，明确提出“加强饮用水水源保护，实施水源到水龙头全过程监管，保障饮用水水质安全”。《方案》在“环境管控单元管控要求”中将饮用水水源保护区作为水环境优先保护区，充分衔接《广东省水污染防治条例》《深圳经济特区饮用水水源保护条例》等饮用水水源保护相关法律法规，明确要求“严格防范饮用水水源污染风险，切实保障饮用水安全，一级保护区内禁止新建、改建、扩建与供水设施和保护水源无关的建设项目，二级保护区内禁止新建、改建、扩建排放污染物的建设项目”。

《清单》对部分涉及饮用水水源准保护区的一般管控单元，充分衔接《深圳经济特区饮用水水源保护条例》等饮用水水源保护相关法律法规，要求落实“饮用水水源准保护区范围禁止新建、扩建对水体污染严重的建设项目，禁止改建增加排污量的建设项目”。同时，《清单》在《方案》的基础上，在部分优先保护单元补充提出了水源涵养林保护、水源应急能力建设等相关要求，如“严禁破坏水环境生态平衡、水源涵养林、护岸林、与水源保护相关的植被的活动”“加快饮用水水源地应急能力建设，定期开展突发环境事件应急处置演练，推动水源地应急物资储备、应急监测及突发环境事件处理处置”。

实施生态补偿，筑牢饮用水保护格局。2020 年 8 月，广东省生态环境厅、省财政厅、省水利厅联合印发《广东省东江流域省内生态保护补偿试点实施方案》（粤环〔2020〕11 号，以下简称《方案》），提出探索建立省内流域生态补偿体系，旨在为东江流域经济社会持续健康发展和保持香港长期繁荣稳定提供安全优质的供水保障和良好的水生态环境。根据《方案》的要求，2020—2021 年，全省每年共筹集 3 亿元补偿资金，按照断面水质状况考核结果，分配给河源、韶关和梅州 3 座上游城市。其中，深圳和惠州、东莞、广州 4 市作为流域内下游城市每年共筹集 2 亿元资金，省财政每年出资 1 亿元。2021 年，深圳市已拨付 2020 年度东江流域生态保护补偿资金 8 000 万元，分别向河源、韶关和梅州拨付 6 400 万元、960 万元和 640 万元。2022 年，深圳市在市生态环境局部门预算中已安排 8 000 万元。

加强技术攻坚，建立水源保护技术支撑。经原国家环保部批准验收，深圳市于 2015 年建成国家环境保护饮用水水源地管理技术重点实验室（以下简称实验室）。实验室以解决我国南方高强度开发地区饮用水水源地保护“瓶颈”问题以及粤港澳大湾区饮用水安全问题为目标，针对饮用水水源地污染防控、水质改善、水质监控预警与数值模拟等技术方面存在的重大科学问题开展基础性、前瞻性研究和应用性技术研发，聚焦饮用水水源地综合管理技术、新污染物与环境健康研究、水生态保护与环境基因协同研究，探索符合深圳市和我国南方高强度开发地区的饮用水水源地安全评价体系和管理体系，建成生态环境部饮用水水源地管理技术综合示范及应用技术研发平台，为南方高强度开发地区乃至国家饮用水水源地保护与管理决策提供了有力的科学依据和技术支撑。

第9章 总结与展望

随着经济和社会的发展，人口对水资源的需求逐步增加，而水资源的供应却日趋紧张。

我国是一个水资源既丰富又短缺的国家，虽然淡水资源总量约为2.8万亿 m^3，占全球水资源的6%，仅次于巴西、俄罗斯和加拿大，居世界第4位，但人均只有2 200 m^3，是全球13个人均水资源最贫乏的国家之一。作为全国七大缺水城市，深圳市人均拥有水资源量不足200 m^3，低于世界水危机标准，只是全国平均水平的1/12。从行政区域外水资源丰沛区域调入原水是国家优化水资源配置、促进区域协调发展的战略性工程，极大地缓解了国内资源型缺水城市的危机，而深圳通过东江引水工程和东部引水工程两大境外水源骨干工程，85%以上的原水从东江引入，不仅保障了本市的社会生产生活用水，还肩负起向香港供水的重任。因此，深圳市饮用水属于生命水、经济水、政治水。

与其他外来引水的城市一样，受限于上游来水的系统性输入，饮用水安全保障一直是社会经济发展的重大事项。由于东江来水的营养盐输入，加上上游河流和本地湖库水质标准的差异以及外来水生生物的入侵，深圳市饮用水水源均受到富营养化甚至藻华的威胁。自1980年以来，全球水体富营养化及藻华暴发趋势显著增强，而国内的重要饮用水水源地，如太湖、巢湖、滇池等年均富营养化及藻华出现时间均在半年以上，严重影响了当地供水质量及饮用水安全。2015年4月，国务院印发“水十条”，要求保障饮用水水源安全，从水源到水龙头全过程监管饮用水安全。2019年2月，中共中央、国务院印发了《粤港澳大湾区发展规划纲要》，明确要求要强化珠江三角洲水资源的保障力度，加强珠三角饮用水水源水质安全保障及环境风险防控等工作。习近平总书记在党的二十大报告中指出：“统筹水资源、水环境、水生态治理，推动重要江河湖库生态保护治理”。为做好江河湖库生态保护治理工作指明了前进方向、提供了根本遵循。

当前，我国开展饮用水水源地保护和管理涉及环保、水利、国土、交通等多个监管部门，部分水库可能还存在跨界或者外来引水的情况。针对不同行政地域及多职能部门共同管理的现状，饮用水水源地的规范化建设是提高保护管理水平和效率的重要举措。深圳作为粤港澳大湾区的核心城市，对于保障深圳、香港两地供水安全起到至关重要的作用。“双区”驱动战略要求深圳市提供稳定、安全、高质量的水源，然而水资源时空分布不均衡、不充分，高度城市化的发展现状与水资源供应、水环境保护仍存在差距，水生态系统结构单一、藻华风险加大、环境应急能力建设不足，以及水安全保障能力和智慧化水平尚未达到国际先进水平等均使深圳市面临着前所未有的复杂环境形势与挑战。

为此，深圳市在通过尝试科学研究、严格管理和监控，打造了极具深圳特色的经验模式，因地制宜研发饮用水水源地管理技术支撑体系，探索建立本地特色饮用水水源地管理模式和保护措施，逐渐实现饮用水水源取水口至饮用水水源保护区乃至整个流域的标准化、体系化的监管，有效保障人民群众饮用水的安全。同时，深圳也在此基础上不断拓宽内涵与外延，在国内首创性开展了以水质保障工程优化水源保护区的技术路径，妥善解决了水源保护区的历史遗留问题、实现了保护与发展双赢，提供了“深圳实践”；编制《深圳市饮用水水源地优先控制新污染物清单》及配套筛选技术指南，为国家水源水环境基准、标准的修订提供数据支撑和理论依据；成功申报和获批“2023 年国家环境健康管理试点”，发挥了中国特色社会主义先行示范区优势和示范引领作用。

当前，深圳市极端天气事件频次和强度频增，城市水生态系统的稳定面临挑战，饮用水水源地环境风险防范机制仍有待完善。“十五五”时期是美丽中国建设的重要时期，而深圳市以更高水平保护助推更高质量发展是抢抓“双区”“双改”机遇的重要实践期，需要以发展新质生产力重要论述的理论内涵和实践要求，全面增强以绿色为底色的核心竞争力。深圳市应主动依靠生态环境科技创新持续破解高度城市化地区的饮用水水源地生态环境保护问题，积极有效应对国内外发展形势和复杂多变的环境态势是深圳市构建饮用水水源地规范化建设体系的关键举措，通过饮用水水源地管理支撑体系和工程应用的系统结合，跨境互联互通和会商机制的建设，强化外来引水水库及供水全过程安全监控与管理体系；深化大湾区重点流域保护与治理合作，强化生态环境标准规则衔接；织密“空天地”一体化监测网络和深化预警预报体系建设，筑牢水源地安全防线；联合打造一流饮用水水源地安全保障技术集成应用示范基地，提升大湾区乃至全国湖库流域治理能力。

参考文献

[1] 李萌萌，梁涛，何琴，等. 日本饮用水水质信息公开概况与启示[J]. 给水排水，2020，46（11）：125-134.

[2] 陶相婉，祝成，邵宇婷，等. 新加坡城市水管理经验与启示[J]. 给水排水，2020，46（11）：50-53.

[3] 上海市水务局. 上海市防洪除涝规划（2020—2035 年）[R]. 2020.

[4] 张远，林佳宁，王慧，等. 中国地表水环境质量标准研究[J]. 环境科学研究，2020，33（11）：2524-2528.

[5] 嵇晓燕，孙宗光，陈亚男. 城市地表水环境质量排名方法研究[J]. 中国环境监测，2016，32（4）：54-57.

[6] 黄诚，葛星，平其俊，等. 基于 AHP 方法的抚河流域水资源空间量化与评价[J]. 地理空间信息，2020，18（11）：56-59.

[7] 孙康，陈立. 基于模糊分析法的芜湖市水资源承载力评价[J]. 中国农村水利水电，2018（12）：121-125.

[8] 梁涛，牛晗. 基于风险评估的水源监测方案探讨[J]. 给水排水，2020，56（7）：144-148.

[9] 曹升乐，郭晓娜，于翠松，等. 水库供水过程预警方法研究[J]. 中国农村水利水电，2013（9）：56-59.

[10] 陈建明，李美枫，袁汝华，等. 水利工程精细化管理组合评价与实证分析[J]. 水利经济，2020，38（6）：37-42.

[11] 任建设. 基于多期遥感影像的饮用水源污染负荷总量预测方法研究[J]. 环境科学管理，2020，45（7）：98-102.

[12] 唐磊，周飞祥，王巍巍，等. 城市饮用水水源风险识别与规划管控对策研究[J]. 给水排水，2020，46（7）：41-46.

[13] 虢清伟，邴永鑫，陈思莉，等. 我国突发环境事件演变态势、应对经验及防控建议[J]. 环境工程学报，2021，15（7）：2223-2232.

[14] 黄大伟，贾滨洋，谢红玉，等. 流域突发性水环境风险的评估方法[J]. 环境工程学报，2021，15（9）.

[15] 段顺琼，王静，彭云，等. 城市饮用水源水质变化趋势及突变研究——以昆明市松华坝水库为例[J]. 中国农村水利水电，2013（11）：143-150.

[16] 王浩. 城市化进程中水源安全问题及其应对[J]. 给水排水，2016，4（4）：1-3.
[17] 余任重，罗建平. 三明市饮用水源保护区综合信息监管体系探索与构建[J]. 海峡科学，2020，162（6）：47-49.
[18] 白慧文. 基于河长制的北京市水环境管理体制分析[J]. 北京水务，2019（2）：39-45.
[19] 马越，彭剑峰，宋永会，等. 移动型环境风险源识别与分级方法研究[J]. 环境科学学报，2012，32（8）：1999-2005.
[20] 尹雪，尹东高，吴福贤，等. 城市饮用水源地环境风险评估研究[J]. 广东化工，2023，50（18）：118-121.
[21] 曹国志，贾倩，王鲲鹏，等. 强化区域综合防控，提高应急处置能力[J]. 环境经济，2016，23（24）：59-63.
[22] 贾倩，曹国志，於方，等. 基于环境风险系统理论的长江流域突发水污染事件风险评估研究[J]. 安全与环境工程，2017，24（4）：84-88.
[23] 尹雪，谢林伸，尹东高，等. 南方发达城市饮用水源地规范化建设评估研究[J]. 给水排水，2022，58（12）：1-7.
[24] 杜云彬，陈求稳，王智源，等. 江苏省典型湖泊饮用水源地安全综合评价[J]. 水资源保护，2020，36（5）：71-92.
[25] 郑国权，温美丽，杨宪杰，等. 广东省小流域综合治理效益评价指标体系的理论构建[J]. 中国农村水利水电，2016（7）：86-91.
[26] 龙颖贤，吴仁人，徐敏，等. 广东省饮用水水源安全保障问题及对策[J]. 环境影响评价，2019，41（2）：36-47.
[27] 杨娟，田晓刚，邵超峰，等. 基于模糊方法的饮用水水源地水环境管理体系评价[J]. 安全与环境学报，2013，13（5）：135-139.
[28] 王旭东，李云梅，王永波. 南京夹江饮用水源地环境安全评价[J]. 遥感信息，2018，33（3）：54-62.
[29] KONG Y L，ANIS-SYAKIRA J，FUN W H，et al. Socio-economic factors related to drinking water source and sanitation in malaysia[J]. International Journal of Environmental Research of Public Health，2020，17（21）：1-16.
[30] WANG Y，ZHU G，ENGEL B，et al. Probabilistic human health risk assessment of arsenic under uncertainty in drinking water sources in Jiangsu Province[J]. Environ Geochem Health，2020，42（7）：2023-2037.
[31] HAAKONDE T，YABE J，CHOONGO K，et al. Preliminary assessment of uranium contamination in drinking water sources near a uranium mine in the siavonga district，zambia，and associated health risks[J]. Mine Water and the Environment，2020，39（4）：735-745.